Johanna F. Zinke

# Luftlautformen sichtbar gemacht

Johanna F. Zinke

# Luftlautformen sichtbar gemacht

## Sprache als plastische Gestaltung der Luft

Mit Beiträgen von Armin J. Husemann, Peter Nantke und Sonja Schaeffer

Herausgegeben von Rainer Patzlaff

Verlag Freies Geistesleben

2. Auflage 2003

**Verlag Freies Geistesleben**
Landhausstr. 82
70190 Stuttgart
Internet. www.geistesleben.com

ISBN 3-7725-1856-7


Umschlag: Walter Schneider
Druck: Offizin Chr. Scheufele, Stuttgart

# Inhalt

# Vorwort des Herausgebers

Schon beim ersten Durchblättern des Buches wird der Leser bemerkt haben, welch eine vielfältige Formenwelt sich auftut, wenn man die unterschiedliche «Sprechgestalt» der einzelnen Laute auf sich wirken läßt, die in den Fotografien von Johanna Zinke festgehalten sind. Bewegungsgebärden verschiedenster Art werden da in die Luft gezeichnet und können bei einiger Übung wie die Buchstaben einer Schrift «gelesen» werden. Zwar handelt es sich bei den Fotos nur um Momentaufnahmen aus einem längeren, fließenden Prozeß, doch kann man sich anhand der Filmstreifen auf den Tafeln 5 – 10 ein Bild davon machen, wie die entstehende Luftform, über die Lippen tretend, in den Raum hinein wächst, ihre jeweilige Gestalt annimmt und nach dem Erreichen des Höhepunktes in die Auflösung übergeht. Der gesprochene Laut, den wir gewöhnlich nur als ein akustisches Ereignis, als Klanggeschehen für die Ohren kennen, tritt als räumliche Gestalt vor die Augen, mit einem ganz individuellen Bewegungsduktus und charakteristischem Gepräge. Wer wußte schon, daß er mit jedem Wort, das er spricht, zum bildenden Künstler wird, der in die Luft hinein eine Fülle plastischer Formen schafft?

Die bildnerische Gestaltungskraft, die da zutage tritt, zeigt uns eindrücklich, daß die gesprochene Sprache noch etwas ganz anderes ist als das, wofür Physik und Linguistik sie lange Zeit gehalten haben: Sie besteht nicht nur aus Schallwellen, die in codierter Form Informationen vom «Sender» zum «Empfänger» transportieren. Jedem sprachlichen Laut liegt ein formenschaffender Prozeß zugrunde, eine plastische Bildekraft, von deren Komplexität wir uns gewöhnlich keine Vorstellungen machen. Hier deckt sich Johanna Zinkes Forschungsarbeit mit den Resultaten neuerer Wissenschaft: Phoniatrie und Pädaudiologie, aber auch Linguistik und Kinesik[1] haben in den letzten Jahren mit vielen überraschenden Befunden demonstriert, wie eng der Sprechvorgang und das Sprechenlernen mit dem gesamten Bewegungsorganismus des Menschen zusammenhängen. Sprache ist zuallererst eine Bewegungskunst. Sie greift tief in die physiologischen Prozesse des Körpers ein, sowohl beim Sprecher als auch beim Hörer, und hat schon von daher eine «bildende» Kraft im wörtlichsten Sinne. Sprache wirkt viel tiefer auf den Menschen, als es das mechanistisch verengte Bild vom reinen Datentransfer vermuten läßt.

Diese verborgenen Dimensionen der Sprache neu zu entdecken und ins Bewußtsein zu heben ist nicht nur eine akademische Angelegenheit, sondern im höchsten Maße eine Notwendigkeit unserer Zeit. Denn die gegenwärtige Zivilisation geht – wie der einleitende Aufsatz von Rainer Patzlaff im einzelnen zeigen wird – einem Sprachverlust von globalen Aus-

1 Phoniatrie: Stimm- und Sprachheilkunde. Pädaudiologie: Erforschung und Behebung von Hörstörungen im Kindesalter. Kinesik: Neuer Zweig der Verhaltenswissenschaften, der die unbewußten Körperbewegungen in der menschlichen Interaktion erforscht.

maßen entgegen. Vor allem die Sprachentwicklungsstörungen kleiner Kinder nehmen weltweit in einem solchen Maße zu, daß es schon längst nicht mehr um eine medizinisch-pathologische Frage geht, die von einigen Spezialisten zu behandeln wäre, sondern um eine Überlebensfrage für die menschliche Kultur schlechthin. Das Schicksal unzähliger Kinder hängt davon ab, ob es uns gelingt, ein wirklichkeitsgemäßes, in die Tiefe gehendes Verständnis von Sprache zu entwickeln, das uns die notwendigen Erkenntnismittel an die Hand gibt, um heilend wirken zu können in der Sprachnot unserer Zeit.

Eine solche Vertiefung des Sprachverständnisses bis hinein in anthroposophisch-geisteswissenschaftliche Aspekte war das Anliegen von Johanna Zinke. Mutig hat sie sich auf das neue, noch von niemandem betretene Forschungsgebiet der «Luftlautformen» gewagt, hat mit wachsender Begeisterung und zähem Fleiß Pionierarbeit geleistet und im Laufe der Jahre ein reiches Material zusammengetragen. Jedoch ist sie nicht mit einer größeren Publikation hervorgetreten. Nur einige kleinere Aufsätze sind hier und da erschienen, und auch die nur mit wenigen Reproduktionen in mäßiger Druckqualität. Zwar haben viele Ausstellungsbesucher ihre künstlerisch ausgestalteten Bildtafeln wahrgenommen, auf denen sie einiges aus ihrem Fundus präsentierte, doch zu einer systematischen, wissenschaftlich geordneten Präsentation des gesamten Materials ist es nie gekommen.

Daher war es vor der Herausgabe dieses Buches notwendig, die von Johanna Zinke hinterlassenen Filmrollen, Negativstreifen, Originalfotos und Dias archivarisch zu ordnen, eine Aufgabe, der sich vor allem Sonja und Hans Jürgen Schaeffer in mühsamer Kleinarbeit unterzogen haben. Ihren Bemühungen ist es zu danken, daß hier erstmals Aufnahmen von sämtlichen Lauten und Lautverbindungen der hochdeutschen Sprache veröffentlicht werden können, also gewissermaßen das ABC der Luftlautformen.

Ferner konnte durch den Herausgeber aus dem Nachlaß eine Serie von Bildtafeln zusammengestellt werden, die dem Betrachter methodische Grundlagen vermitteln, um sich in dem dargebotenen Bildmaterial zurechtzufinden. Dazu gehören Beispiele für die verschiedenen Visualisierungsverfahren sowie Hinweise auf die unterschiedliche Dynamik und Entstehungsweise der Luftlautformen, ihre Strömungsrichtungen und Variationsmöglichkeiten. Besonders wird auch auf die Frage nach der Reproduzierbarkeit der Ergebnisse eingegangen, soweit dazu Versuchsreihen vorlagen.

Zu vielen fotografischen Aufnahmen hat Johanna Zinke eigenhändig Zeichnungen angefertigt, welche die plastisch-räumliche Struktur der sich ausbreitenden Luftform unterstreichen und viele Feinheiten hervortreten lassen, die dem flüchtigen Blick leicht entgehen würden. Wir haben diese Zeichnungen in verkleinerter Form als eine Art Beobachtungshilfe der jeweiligen Abbildung beigefügt.

Die Präsentation der Bilder und Zeichnungen bildet den Schwerpunkt des vorliegenden Buches. Sie wird ergänzt einerseits durch eine bisher noch nicht publizierte Schrift von Johanna Zinke, die einen Einblick gibt in ihre Werkstatt, andererseits durch einige mehr grundsätzliche Ausführungen aus der Feder des Herausgeber-Teams: Rainer Patzlaff skizziert einleitend das oben schon angerissene Problem des zunehmenden Sprachverlustes, das eine Besinnung auf die tieferen Dimensionen der Sprache immer notwendiger erscheinen läßt. Peter Nantke gibt einen biographischen Abriß von Johanna Zinke, schildert ihre Arbeit an den Luftlautformen und erläutert die physikalischen Grundlagen. Armin Husemann schließlich behandelt das Phänomen auf anthroposophisch-menschenkundlichem Hintergrund und geht dabei besonders auf die Beziehungen zur Eurythmie und Heileurythmie ein.

Das Ziel dieser Monographie ist es, der Öffentlichkeit ein neues, noch kaum bekanntes Forschungsgebiet vorzustellen, das geeignet erscheint, uns tiefer in die

Geheimnisse der Sprache und ihrer verborgenen Wirkungen im Menschen blicken zu lassen. Der Logopäde wird hier genauso Anregungen erhalten wie der Phoniater, der Eurythmist ebenso wie der Sprachgestalter, der Schauspieler und alle an Sprache Interessierten. Freilich wird sich auch eine Fülle noch ungelöster Fragen ergeben. Denn es ist nicht zu übersehen, daß Johanna Zinkes Arbeit, die aufgrund einer Anregung Rudolf Steiners begonnen wurde, nur einen ersten Anlauf darstellt, das Gebiet der Luftlautformen wissenschaftlich zu erforschen, nicht zuletzt auch wegen der bescheidenen technischen Möglichkeiten, die ihr zur Verfügung standen. Vieles wäre noch sehr viel genauer und aufwendiger zu untersuchen, von einer abschließenden wissenschaftlichen Beurteilung kann nicht die Rede sein. Die heftige Kritik jedoch, auf die Zinkes Arbeit teilweise stieß, dürfte sich eher auf ihre *Deutungen* der Phänomene bezogen haben als auf die Phänomene selbst, die aus den Befunden klar hervortreten. Nicht um Deutungsfragen soll es in der jetzt erscheinenden Monographie vorrangig gehen, sondern um eine Dokumentation der *Phänomene*, wie sie in dieser Systematik und Vollständigkeit bisher noch keinem der Kritiker vorlag. Erst dadurch wird eine Urteilsgrundlage geschaffen.

Dem Verlag Freies Geistesleben, der die Herausgabe des Buches freundlich unterstützt hat, ist ein besonderer Dank auszusprechen für sein Bemühen, die Reproduktionen in bestmöglicher Druckqualität herauszubringen; viele Einzelheiten sind jetzt besser zu erkennen als auf allen früheren Abbildungen. Weiterhin gilt unser herzlicher Dank den Stiftungen, Institutionen und Spendern, die durch ihre finanzielle Unterstützung die Drucklegung erst ermöglicht haben. Nichts wäre mehr zu wünschen, als daß dieses Buch den Anstoß geben möge zu weiteren Forschungen.

Stuttgart, im März 2000 *Rainer Patzlaff*

## Vorwort zur 2. Auflage

Der massive Rückgang des Sprach- und Sprechvermögens im Vorschulalter, auf den in der Einleitung zur ersten Auflage hingewiesen wurde, ist zum Thema öffentlicher Debatten geworden: Aufgeschreckt durch katastrophale Befunde bringen Politiker inzwischen umfangreiche Hilfsprogramme auf den Weg, um die Not einzudämmen und die Sprachkompetenz der Kinder so früh wie möglich zu fördern. Andernfalls, so zeigt sich, wären die Grundlagen unserer gesamten Kultur in Frage gestellt. Aber auch auf wissenschaftlichem Felde tritt die grundlegende Bedeutung der gesprochenen Sprache für die Fähigkeitsentwicklung des heranwachsenden Menschen in jüngster Zeit immer deutlicher hervor.

Vielleicht ist es diesem gewachsenen Interesse an der menschenbildenden Kraft der Sprache zu verdanken, daß die erste Auflage des Buches recht schnell vergriffen war. Jedenfalls kommen wir dem häufig geäußerten Wunsch nach einer Neuauflage gerne nach und legen das Buch mit geringen Korrekturen hier noch einmal vor, finanziell unterstützt durch großzügige Spenden, für die wir herzlich danken.

Nicht unerwähnt bleiben soll die Tatsache, daß Serge Maintier (Strasbourg) inzwischen als Doktorand der Université Besançon einige der von Johanna Zinke dokumentierten Luftformen im Labor mit modernster Technik und Computereinsatz genauer untersucht hat. Seine Resultate sind noch nicht publiziert, doch kann hier soviel schon mitgeteilt werden, daß sich die von Zinke beschriebenen Formen eindeutig reproduzieren ließen. Die Luftlautformen-Forschung steht somit auf wissenschaftlich gesichertem Boden.

Stuttgart, im September 2003 *Rainer Patzlaff*

Rainer Patzlaff

# Jeder Laut eine strömende Plastik

## Luftlautformen und die Sprachnot unserer Zeit[2]

### Sprachverlust

Wo immer Menschen beisammen sind, scheint Sprache das selbstverständliche Bindeglied zwischen ihnen zu sein. In den Worten der Sprache teilt sich der eine dem anderen mit, gibt seinen Gefühlen und Gedanken Ausdruck, artikuliert seine Wünsche, äußert seine Zustimmung oder Ablehnung, Wut oder Freude, Trauer oder Angst. Die gemeinsame Sprache schafft Gruppenidentität und soziales Zusammengehörigkeitsgefühl, bildet die Grundlage des Denkens, fungiert als Vermittler von Bildung und Wissen. Es scheint nicht vorstellbar, daß dem Menschen dieses Ur-Medium jemals verloren gehen könnte.

Und doch geschieht genau das in der gegenwärtigen Zeit. Wir stehen weltweit vor dem Phänomen eines Sprachverlustes, der vor kurzem noch undenkbar gewesen wäre. Die ersten Anzeichen waren bereits in den frühen neunziger Jahren des 20. Jahrhunderts zu vernehmen, als z.B. der kalifornische Literaturwissenschaftler Barry Sanders mit seinem Buch *Der Verlust der Sprachkultur* einen flammenden Appell an die Kulturwelt richtete, endlich wahrzunehmen, wie sowohl die geschriebene als auch die gesprochene Sprache dem heutigen Menschen immer mehr abhanden kommt. Er wies auf die wachsende Zahl von Menschen hin, die trotz absolvierter Schulpflicht das Lesen und Schreiben nicht gelernt oder wieder verlernt haben. Man nennt sie im Unterschied zum herkömmlichen Analphabetismus *funktionale* oder *Post-Analphabeten*. «Fast siebzig Millionen Amerikaner», so konstatierte Sanders 1994, «sind nicht in der Lage, die aufgedruckte Warnung auf dem Etikett einer Arzneiflasche zu entziffern oder durch einen Zeitungsartikel hindurchzufinden. Die Mehrheit von ihnen sind nicht Schwarze oder Mexikaner oder Zugewanderte. Es sind im Lande geborene Weiße» (S. 173). Siebzig Millionen: das waren damals 28% der US-Bevölkerung! Wer diese Zahl für übertrieben hielt, sah sich bald darauf eines Besseren belehrt, als 1995 eine Studie der internationalen Organisation OECD in den reichsten Industriestaaten der Erde auf teilweise mehr als 20 Prozent Erwachsene mit dürftigsten Schreib- und Rechenfähigkeiten stieß.

Aber damit nicht genug. Das Problem der abnehmenden Lese- und Schreibfähigkeit war noch kaum ins Bewußtsein der Öffentlichkeit gedrungen, da zeigte sich schon eine weitere, bis dahin unvorstellbare Rückentwicklung menschlicher Kulturfähigkeiten: Nicht nur die Beherrschung der Schriftsprache geht weiten Kreisen der Bevölkerung verloren, sondern allmählich auch der Umgang mit dem gesprochenen Wort. So unglaublich es klingt – Sprache verstummt!

Im *Spiegel* (38/1993) fand Joachim Kutschke dazu die bitteren Worte: «Ob zu Hause, am Mittagstisch, ob

2 Quellenangaben zur verwendeten wissenschaftlichen Literatur und weitere Hinweise sind zu finden in meinem Aufsatz «Kindheit verstummt» in der Zeitschrift *Erziehungskunst* 7/8 1999.

unterwegs im Auto, in deutschen Familien oder dem, was davon übrig ist: Es wird beharrlich geschwiegen. Allenfalls funktionale Anweisungen sind noch üblich: ‹Komm nicht so spät!›, ‹Laß das!›, ‹Beeil dich!›. Die binären Antworten der Kleinen: Ja. Nein. Ja. – Ende des Dialogs. (…) Wer schon als Kleinkind vom Babysitter Fernsehen verwöhnt und ruhiggestellt wurde, der schweigt offenbar auch, wenn er älter wird. Machen uns also die Massenkommunikationsmittel mehr und mehr mundtot, produzieren sie eine Generation stummer Zombies?»

Erfahrene Grundschullehrer, so berichtete Konrad Adam 1993, äußerten sich bestürzt über das Unvermögen ihrer Erstkläßler, überhaupt noch mit Sprache umzugehen: «Die Kinder hätten große Schwierigkeiten, eine Anweisung zu verstehen, sie auszuführen und über das Geschehene Auskunft zu geben. Wer noch in heilen, inzwischen also untypischen Verhältnissen groß geworden sei, könne sich gar nicht vorstellen, in wie vielen Familien heute tage- und wochenlang kein Wort mehr gesprochen werde.» (FAZ 18. 6. 1993)

Inzwischen hat das Problem solche Ausmaße angenommen, daß in Großbritannien laut Pressebericht 1996 Notprogramme eingerichtet werden mußten, «mit denen Schulanfänger lernen, wie sie Leute begrüßen oder nach dem Weg fragen können.»

## Sprachentwicklungsstörungen im Vorschulalter

Das Verstummen der Familien im Alltag und vor dem Bildschirm hat dramatische Folgen für den Spracherwerb des kleinen Kindes. Längst haben Ärzte, die sich von Berufs wegen mit Sprach- und Hörstörungen im Kindesalter befassen, Alarm geschlagen, seit der Mainzer Phoniater Manfred Heinemann 1988 – 1992 mit einer neuen Untersuchungsmethode bei dreieinhalb- bis vierjährigen Kindern auf eine unerwartet hohe Zahl behandlungsbedürftiger Fälle gestoßen war: Durchschnittlich 25 Prozent der Kinder wiesen Sprachentwicklungsstörungen auf, von denen die Hälfte als leicht, je ein Viertel als mittelschwer und schwer einzustufen waren. Dieses Ergebnis erschien zunächst unglaublich, da zehn Jahre zuvor eine vergleichbare Studie nur auf 4 Prozent gestoßen war, was auch den langjährigen Erfahrungswerten entsprach. Die Zahlen wurden überprüft, doch es blieb dabei: Die Werte hatten sich in 10 Jahren um mehr als 20 Prozent erhöht – wahrlich eine erschreckende Diagnose.

Unterdessen haben viele weitere Untersuchungen stattgefunden, nationale und internationale Kongresse von Logopäden haben sich dem Thema gewidmet, doch hat sich an den Zahlen nichts geändert: Wir müssen heute davon ausgehen, daß im Durchschnitt jedes vierte oder sogar dritte Kind im Vorschulalter an Verzögerungen oder Störungen seiner Sprachentwicklung leidet, unabhängig von bestimmten sozialen Schichten oder Bildungsniveaus; Kinder von Akademikern sind genauso betroffen wie die von Hilfsarbeitern.

Im übrigen hat sich herausgestellt, daß diese Störungen die weitere Entwicklung des Kindes so nachhaltig beeinträchtigen können, daß selbst Jahre nach einer therapeutischen Behandlung noch auffällige Schwächen zurückbleiben. So ergab z.B. eine Folgeuntersuchung an Zweit- und Drittkläßlern, die vier Jahre zuvor wegen entsprechender Störungen eine Sprachtherapie erhalten hatten, daß 44 Prozent von ihnen noch immer Rückstände aufwiesen, 36 Prozent hatten Schwierigkeiten mit der Rechtschreibung. Auch das Kurzzeitgedächtnis war schlechter ausgebildet, der Umgang mit Satzstrukturen fiel auffällig schwer.

Wichtig ist ferner die Beobachtung, daß frühkindliche Sprachentwicklungsstörungen in der Regel nicht isoliert auftreten, sondern zusammen mit einer ganzen Reihe weiterer Defizite, vor allem im Bereich der motorischen und sensorischen Fähigkeiten. Offenkundig ist die Sprachentwicklung nicht zu trennen von der Gesamtheit der Entwicklungsprozesse, die das Kind zu durchlaufen hat.

## Zwölf Minuten Sprache am Tag

Durch Jahrtausende hindurch umgab Sprache die Menschen so natürlich wie die Atemluft; Kinder wuchsen ganz von selbst in sie hinein, das Sprechenlernen schien eine Naturgabe zu sein. Aber so ist es heute nicht mehr. 1997 sah sich eine führende deutsche Krankenkasse veranlaßt, unter dem Titel *Sprich mit mir!* ein Buch herauszubringen, das keinen anderen Zweck verfolgt, als die Eltern anzuregen, mit ihrem Kind zu sprechen! Der Grund liegt auf der Hand: Es wäre für die Krankenkassen unbezahlbar, wenn demnächst jedes vierte oder dritte Kind Sprachheilschulen aufsuchen müßte, abgesehen davon, daß es gar nicht genügend Fachkräfte geben würde, um dem Ansturm gerecht zu werden. Daher sind sich alle Beobachter einig: Prophylaxe tut not!

Dazu aber muß man die Ursachen kennen, und die erweisen sich als vielschichtig. Fachleute wie der schon erwähnte Manfred Heinemann und Theo Borbonus (Leiter einer Wuppertaler Sprachheilschule) betonen, daß die Zunahme der Sprachentwicklungsstörungen weniger auf medizinische Faktoren zurückzuführen ist als auf die veränderten soziokulturellen Bedingungen, unter denen Kinder heute aufwachsen. «Zwar haben die Hörstörungen als eindeutig medizinische Ursachen etwas zugenommen», so Heinemann, doch sehen Ärzte und Therapeuten übereinstimmend die Hauptursache in der zunehmenden Sprachlosigkeit zwischen Eltern und Kind.

Eltern «haben heute weniger Zeit für ihre Kinder: Durchschnittlich bleiben einer Mutter pro Tag nur etwa zwölf Minuten, um mit ihrem Sprößling ein richtiges Gespräch zu führen», berichtet Borbonus und fügt hinzu: «Hohe Arbeitslosigkeit, erhöhter Wettbewerbs- und Rationalisierungsdruck, schmerzhafte Einschnitte in die sozialen Sicherungssysteme – all das macht die Menschen mutloser, sprachloser, kälter.»

Der mit Abstand wirksamste Faktor jedoch dürfte der Fernsehkonsum sein, der sowohl bei Eltern wie auch bei Kindern immer mehr Zeit verschlingt: In Deutschland sahen die Erwachsenen 1998 im Durchschnitt 201 Minuten täglich fern (wobei nur die reine Sehzeit berechnet ist; die Einschaltdauer liegt noch viel höher). In der Praxis bedeutet das täglich annähernd 3½ Stunden «Funkstille» zwischen Eltern und Kind. Von der Freizeit berufstätiger Väter und Mütter dürfte da kaum etwas übrig bleiben für das Kind, und so ist es nur konsequent, wenn immer mehr Kinder mit einem eigenen Gerät «beglückt» werden und dann ebenfalls drei bis vier Stunden täglich fernsehen, wie neueste Statistiken belegen. Besonders bedenklich ist, daß schon Kleinkinder zwischen drei und fünf Jahren im Schnitt zwei und mehr Stunden täglich fernsehen, manche bis zu fünf und sechs Stunden. Wen wundert es dann, wenn die Sprache solcher Kinder beim Spiel mit Altersgenossen sich auf comicartige Ausrufe, zusammenhanglose Satzfragmente und bizarre Geräuschimitationen beschränkt, begleitet von maschinenhaft zuckenden Bewegungen.

Erschwerend kommt hinzu, daß der Bildschirmkonsum die Kinder von spontanem, kreativem Spiel und natürlicher Bewegung abhält und sie damit in ihrer Entwicklung massiv behindert. Denn auf diese Weise werden ihnen die Reize und Anregungen vorenthalten, die sie zur Ausbildung ihrer Grob- und Feinmotorik sowie der Sinnesorgane dringend benötigen. Aus langjähriger pädagogischer Praxis stellte Borbonus fest, daß Kinder heute mangels Primärerfahrungen immer mehr gehindert werden, ihren Wärme- und Gleichgewichtssinn, ihren Geruchs- und Geschmackssinn, ihren Tast- und Bewegungssinn auszubilden. Der Mangel an geeigneten Spielplätzen und anregenden Umgebungen in einer Großstadt tut ein Übriges, um das Defizit zu verstärken.

## Fatale Folgen eines falschen Denkmodells

Eines ist nach alledem offensichtlich: Die Wurzeln des Problems reichen tief hinunter in die allgemeinen Gewohnheiten und Lebensverhältnisse unserer Zeit. Sprachentwicklungsstörungen sind nur die Spitze eines Eisberges, der unsere gesamte Kultur und Zivilisation zu bedrohen beginnt. Vielfältige Bemühungen werden notwendig sein, um die eingetretene Fehlentwicklung zu korrigieren. Allerdings wird die Aussicht auf Erfolg gering sein, wenn es nicht gelingt, in uns selbst, in unseren eigenen Denkgewohnheiten Entscheidendes zu verändern. Dazu gehört vor allem die Gewohnheit, alles, was mit Sprechen und Hören zusammenhängt, mit dem rein technischen Modell von Sender und Empfänger, von Input und Output erfassen zu wollen, als handele es sich um einen Informationsaustausch zwischen zwei Computern. Diese Auffassung ist in der Wissenschaft heute weit verbreitet und hat selbst vor dem komplexen Vorgang des Sprechenlernens kleiner Kinder nicht halt gemacht: Man behauptet, es komme dabei lediglich auf den richtigen Input durch die Umgebung an, und der könne nirgends besser sein als in Radio und Fernsehen, da ja kaum ein Erwachsener an die perfekte Sprache ausgebildeter Sprecher heranreiche, von der Fülle der Bildungsangebote ganz zu schweigen. Das Fernsehen sei mithin das ideale Lernmittel für Kleinkinder, und nirgends werde ihre Sprachentwicklung besser gefördert als dort.

Wie grotesk diese Auffassung an der Wirklichkeit vorbeigeht, davon konnte sich die Öffentlichkeit überzeugen, als Sally Ward, eine in England führende Wissenschaftlerin auf dem Gebiet der Sprachentwicklung von Kindern, 1996 der Presse ihre Resultate einer zehnjährigen Untersuchungsreihe präsentierte. Sie hatte festgestellt, daß 20 Prozent der untersuchten Kinder im Alter von neun Monaten schon Entwicklungsrückstände aufwiesen, wenn die Eltern den Fernseher als Babysitter eingesetzt hatten. Wurde das Fernsehen fortgesetzt, hatten die meisten dieser Kinder mit drei Jahren bereits ein Jahr Entwicklungsrückstand, sprachen also die Sprache eines Zweijährigen, womit ihre gesamte weitere Entwicklung gefährdet war. Zeigten die Eltern aber Einsicht und schalteten den Fernseher ab zugunsten direkter Sprachkontakte mit dem Kind, dann konnte das neun Monate alte Baby innerhalb von nur vier Monaten wieder auf den normalen Entwicklungsstand gebracht werden – durch nichts als Worte, die *live* gesprochenen Worte seiner Eltern!

1990 hielten es manche Wissenschaftler noch für ein «grausames Gedankenexperiment», wollte man Kindern in den ersten Jahren Sprache ausschließlich durch elektronische Medien zukommen lassen, um herauszufinden, ob sie dadurch sprechen lernen. Jetzt ist aus dem Gedankenexperiment grausame Realität geworden, und sie lehrt uns, daß die Sprache aus dem Lautsprecher nicht bewirkt, was die Sprache des Erwachsenen im direkten Umgang mit dem Kind bewirkt. Aus dem Lautsprecher kommend wirft sie das Kind in seiner Entwicklung zurück, aus dem Munde einer Mutter wirkt sie so aufbauend und fördernd, daß selbst entstandene Defizite noch aufgeholt werden können.

Die Forschung wird sich also die Frage stellen müssen: Was unterscheidet Lautsprechersprache von echter Sprache? Physikalisch gibt es doch angeblich keinerlei Unterschied. Wie kann es da sein, daß die technisch erzeugte Sprache die kindlichen Gehirnfunktionen abbaut, während das Original sie aufbaut?

## Sprache ist mehr als Information

Die Sprachwissenschaft hat sich daran gewöhnt, in der menschlichen Sprache nichts anderes als ein Transportmittel zu sehen, mit dem Informationen vom «Sender» zum «Empfänger» gelangen. Diese schon im 19. Jahrhundert entstandene Auffassung hat jedoch eine schwerwiegende Konsequenz: Wenn es nur um den Inhalt geht, der transportiert werden soll, dann kommt dem gesprochenen Wort keine eigene, besondere Bedeutung zu, denn die Information könnte auch durch ganz andere Medien wie Schrift, Zeichen, Bild, Gebärde zum Ziel kommen. Welches Medium gewählt wird, ist für die Information genauso gleichgültig, wie es für den Fahrgast eines Taxis gleichgültig wäre, ob er mit einem Daimler, Volvo oder Ford zum Bahnhof gefahren wird.

Keineswegs gleichgültig aber ist das Medium für das Kind, das sich in die Welt der Sprache erst hineinarbeiten muß. Denn nur durch das Wort, das zu ihm gesprochen wird, kann es sein Menschsein erlangen, und zwar im fundamentalsten Sinne. Dabei geht es gar nicht in erster Linie um Informationsübermittlung, sondern um eine ganz andere, viel bedeutendere Tätigkeit: Bevor das kleine Kind auch nur einen einzigen Satz zu formulieren vermag, muß es die perfekte Beherrschung und Koordination von über hundert Muskeln erlernen, die an dem Sprechvorgang beteiligt sind, und das ist ein überaus komplizierter Prozeß, an dessen Schwierigkeitsgrad keine andere Bewegung heranreicht, die sich der Mensch sonst aneignet. Und dieser Prozeß wiederum ist nur ein Teil jenes jahrelangen Ringens, mit dem das Kind die Herrschaft über seinen Leib zu erlangen sucht. Mit unglaublicher Energie trainiert es vom ersten Lebenstag an die verschiedenen Bewegungsfunktionen des Körpers und ihr Zusammenspiel, angefangen von den Augen- und Handfunktionen über das Aufrichten, Stehen und Gehen bis hin zur Feinmotorik der Hände und Finger. Aus der Tätigkeit dieses «Bewegungsmenschen», der an der Muskulatur des ganzen Leibes arbeitet, geht das Artikulieren der Sprachlaute wie eine reife Frucht hervor.

## Sprache ist Bewegungskunst

So wenig wie die Wirklichkeit eines Konzertes durch eine Analyse der Tonfrequenzen zu erfassen wäre, so wenig erschöpft sich das gesprochene Wort in Schallwellenerzeugung und Informationstransfer. Hinter den Sprachlauten steht nicht ein schwingendes Stimmband, sondern ein Bewegungskünstler, der mit größter Anstrengung sein Leibesinstrument «gestimmt» hat, bis es scheinbar mühelos in der Lage ist, dem Atemstrom die unzähligen Klänge und Nuancen der Sprache zu entlocken.

Könnten wir diese unbewußt bleibende Tätigkeit beobachten, würden wir entdecken, daß sie fortwährend *plastische Formen* schafft, nicht anders als ein Bildhauer, der das Holz oder den Stein bearbeitet, nur daß es sich hier um die weiche, bewegliche Muskulatur handelt, aus der die Formen immer neu gebildet werden. Um Laute zu artikulieren, genügt es nämlich keineswegs, den Strom der Ausatmungsluft durch den Kehlkopf zu schicken und ihn klingend aus dem Mund zu entlassen. Vielmehr muß er auf seinem Wege durch Luftröhre, Rachen und Mund nach außen einen reliefartig geformten Hohlraum durchlaufen, eine Art Flußbett, dessen Gestalt von der Muskulatur des Gaumens, des Zäpfchens, der Zunge, der Kiefer und Lippen blitzschnell verändert wird, je nachdem, welcher Laut entstehen soll. Tritt dann der Luftstrom über die Lippen, tönt er nicht nur, sondern trägt durch die jeweils besondere Gestalt des durchlaufenen «Flußbettes» eine jeweils besondere Formtendenz in sich, die er der Außenluft vor dem Munde einprägt. Aus den innerlichen Muskelreliefs werden äußere plastische Formen der Luft.

Rudolf Steiner hat 1924 als erster auf diese unsichtbaren Luftformen hingewiesen, die vor dem Munde des Sprechers entstehen. Die Dresdner Lehrerin Johanna Zinke griff die Anregung auf und wies in jahrzehntelangen Studien nach, daß tatsächlich jeder Laut vor dem Munde eine charakteristische Luftform erzeugt, die gesetzmäßig wiederkehrt. Um sie sichtbar zu machen und fotografisch festzuhalten, bediente sie sich zunächst der natürlichen Kondensation in kalter Luft, später arbeitete sie mit Zigarettenrauch, der vor dem Sprechen inhaliert wurde. Aufnahmen mit dem Toeplerschen Schlierengerät und mit dem Interferometer kamen dazu. Das volle Bild des Geschehens jedoch eröffnete sich erst, als die «Luftlautformen» mit einer Hochgeschwindigkeitskamera gefilmt wurden. Hier ließ sich verfolgen, wie innerhalb von Sekundenbruchteilen jede Form aus kleinsten Anfängen sich bildet, einen Höhepunkt erreicht und wieder vergeht, in jeweils unterschiedlichem Tempo und mit unverwechselbarer Geste. Jeder Laut zeigt sich als eine strömende Plastik.

## Der Hörende tanzt die Laute mit

Sprache ist also zuallererst ein formschaffender Bewegungsprozeß. Dynamische Gestalten werden gebildet, die teilweise noch sekundenlang in der Luft schweben, nachdem die dazugehörigen Schallwellen längst verklungen sind. Gleichzeitig aber vollführt auch der gesamte Körper des Sprechers bei jedem Laut bestimmte, mit bloßem Auge nicht wahrnehmbare Bewegungen. Sie wurden von der noch jungen Wissenschaft der *Kinesik* entdeckt, als man sprechende Personen mit einer Hochgeschwindigkeitskamera filmte und die Einzelbilder dann einer Mikroanalyse unterzog. Es zeigte sich, daß diese feinen Bewegungen genau synchron mit dem Sprechakt ablaufen und die gesamte Körpermuskulatur betreffen, vom Kopf bis zu den Füßen.

Mit großer Überraschung mußte die Kinesik feststellen, daß der Hörer seinerseits auf die wahrgenommene Sprache mit eben denselben feinen Bewegungen antwortet, die der Sprecher unbewußt vollführt, ebenfalls vom Kopf bis zu den Füßen, mit einer minimalen Zeitverzögerung von 40 bis 50 Millisekunden, so daß eine bewußte Reaktion auszuschließen ist. Der Entdecker Condon beschreibt diese erstaunliche Synchronizität von Sprech- und Hörbewegungen mit den Worten: «Bildlich gesehen ist es, als ob der ganze Körper des Hörers in präziser und fließender Begleitung zur gesprochenen Sprache tanzte.»

Auch wenn physikalisch keinerlei Verbindung zwischen beiden Vorgängen hergestellt werden kann, ist es doch so, als bewegten sich Sprecher und Hörer in einem gemeinsamen Medium rhythmischer Bewegung. Und diese Feststellung gilt, wie wiederholte Prüfungen ergaben, ausschließlich für sprachliche Laute, nicht für Geräusche oder zusammenhanglose Vokale. Die gesprochene Sprache wiederum kann jede beliebige sein: Ein zwei Tage alter Säugling in den USA, so fand Condon heraus, reagiert auf chinesische Sprache ebensogut wie auf amerikanische mit den genau entsprechenden Mikrobewegungen.

Daraus ist zu ersehen: Die gehörte Sprache erfaßt zuerst den unbewußten Bewegungsmenschen. Wie ein Tänzer stellt er sich mit seinem ganzen Leib hinein in das lebendig strömende, plastische Bewegungsgeschehen der Sprache, und zwar unmittelbar, ohne zuvor den Schall bewußt registriert, erlebt und verarbeitet zu haben. Bei 0,04 Sekunden bleibt keine Zeit für gedankliche Reflexion und erst recht nicht für ein seelisches Erleben.

## Sprache durchklingt den ganzen Menschen

Hier befinden wir uns in der tiefsten, elementarsten Schicht von Sprache, dort, wo sie reine Bewegung ist. Aus Bewegung kommt alles, was Sprache ausmacht. Sie kann ihrem Wesen nach nicht anders, als selbst das Feste und Starre einer *Ecke* oder *Kante* aufzulösen in einen fließenden Prozeß von Muskelbewegungen und Luftlautformen, der vom *K* zum *A* zum *N* zum *T* und zum *E* ständig sich verwandelnd weiterschreitet. Dieser Bewegungsprozeß fährt in die Muskeln und Gliedmaßen des Hörenden, so daß sie von demselben Prozeß ergriffen werden. Buchstäblich der ganze Mensch hört. Auch der Kehlkopf spricht und singt fortwährend mit, was der andere spricht und singt.

Das aber ist nur der erste Schritt im Vorgang des Hörens. In einem nächsten Schritt steigt die Bewegung von der rein muskulären Tätigkeit auf in das rhythmische System von Herz und Lunge. Dort bewirkt sie, wie jeder Erzähler an seinen Hörern beobachten kann, Spannung und Entspannung, Beschleunigung und Verlangsamung der natürlichen Rhythmen, und diese feinen Abweichungen ergreifen nun auch die Seele und werden lebhaft empfunden. Die leibliche Bewegung verwandelt sich in eine seelische Bewegung, vom Bereich des tiefschlafähnlichen Unbewußten steigen wir auf in die Region träumerisch-halbbewußter Gefühle.

Erst im dritten Schritt erreicht die Bewegung den Nerven-Sinnes-Pol des Kopfes, wo sie sich abermals verwandelt, diesmal in eine geistige Bewegung, die als Begriff oder Vorstellung ins wache Bewußtsein tritt. In dieser begrifflichen Sphäre erscheint die *Kante* als etwas Festes, Starres, während sie im leiblichen Geschehen der Lautbildung noch reine Bewegung war und auf der seelischen Ebene eine bewegte Empfindung. Sprache durchklingt also den ganzen Menschen, und zwar von unten nach oben, nicht umgekehrt:

| | | | |
|---|---|---|---|
| Nerven / Sinne | geistige Bewegung | Verstehen | vollbewußt |
| ↑ | ↑ | ↑ | ↑ |
| Herz / Atem | seelische Bewegung | Empfinden | halbbewußt |
| ↑ | ↑ | ↑ | ↑ |
| Muskulatur | leibliche Bewegung | Tun | unbewußt |

## Spracherwerb und Gehirnbildung

Diese Stufen von unten nach oben, in denen sich das Hören vollzieht, markieren zugleich den Gang, den das Kind im Großen zu gehen hat, wenn es in die Sprache hineinwächst. Auch hier ist der Ansatzpunkt nicht im kühl registrierenden Kopf zu suchen, sondern in der völlig unbewußten, hingebungsvollen Bewegungstätigkeit des Leibes. Die aber vollzieht sich *simultan* mit den Sprachbewegungen des Sprechers, und so werden wir die geläufige Vorstellung von kindlicher Nachahmung korrigieren müssen: Es handelt sich nicht um *Nach*-ahmung, sondern um *Mit*-ahmung, wenn man so sagen darf. Der oben angeführte Fall des amerikanischen Neugeborenen, dessen Körperbewegungen mit den Lauten der chinesischen Sprache genauso mitschwangen wie mit denen der englischen Sprache, demonstriert, wie sich der Vorgang in Wahrheit abspielt: Das Kind verharrt nicht reglos und lauscht auf die ankommenden Sprachlaute, um dann zu versuchen, sie durch eigene Bewegungsanstrengungen nachzumachen. Vielmehr stellt es sich vom ersten Augenblick an – gewissermaßen besinnungslos – mit seiner ganzen Leiblichkeit hinein in das Bewegungsgeschehen der Laute, es «tanzt» den Sprachstrom des Erwachsenen mit, in völliger Präzision und Gesetzmäßigkeit, ohne etwas Eigenes hineinzumischen. Condon hat es mit dem Titel seines Forschungsberichtes auf den Punkt gebracht: *Neonate Movement is Synchronized with Adult Speech* (Die Bewegung des Neugeborenen verläuft synchron mit dem Sprechen des Erwachsenen). Das hat noch nichts zu tun mit Fühlen oder Denken, sondern ist reine Tätigkeit, gestaltbildende Bewegung. Und aus dieser Bewegung heraus formt das Kind seine Sprache.

Zugleich aber liegt in dem Vorgang ein tiefes Mysterium, dessen wir uns mehr und mehr bewußt werden sollten, wenn wir die Sprachentwicklung der Kinder in der rechten Weise fördern wollen. Indem nämlich das Kind das Formen von Lauten lernt, arbeitet es zugleich an der Ausformung des Gehirns, das dadurch erst seine endgültige Reife erfährt. Hier wird die Grundlage gelegt für alle spätere Intelligenz, und der Erwachsene hat daran entscheidenden Anteil: Ob wir es wissen oder nicht, wir wirken durch unser gesprochenes Wort auf die Leiblichkeit des Kindes und beeinflussen damit auch die seelischen und geistigen Entfaltungsmöglichkeiten, die es im späteren Leben haben wird. Wer ist sich dieser ungeheuren Verantwortung bewußt, wenn er mit einem Kinde spricht?

## Der Lautsprecher – ein Autist

Kein Lautsprecher kann diese Verantwortung übernehmen. Überhaupt erweist sich der Lautsprecher, gemessen an der Aufgabe, um die es im frühesten Kindesalter geht, als hoffnungslos defizitär. Seinen Klängen fehlt gerade das Entscheidende, von dem die Sprachentwicklung abhängt: der Mensch mit seiner Sprechintention. Diese Sprechintention hat die Macht, bis in die unbewußten Tiefen des Leibes hinunter gestaltgebend auf die Muskulatur zu wirken und so die Sprachlaute entstehen zu lassen, die aus dem durchwärmten und durchfeuchteten Atem heraus bewegliche Gestalten in die Umgebungsluft plastizieren. Ein Gestaltungs-*Wille* ist am Werk, und er ruft in dem Kinde den Willen wach, auch seinerseits Laute zu bilden. Denn nur Wille entzündet den Willen, nur ein aktuell präsentes Ich erweckt das Ich im Kinde und bringt es dazu, aktiv die Sprachwerkzeuge zu ergreifen und bis zur vollen Funktionstüchtigkeit auszuformen. Was die Sprachwissenschaft mit dem nüchternen Wort «Interaktion» bezeichnet, erweist sich als ein spirituelles Geschehen zwischen Ich und Ich, von Wille zu Wille, als eine Kraft, die aus dem Geistigen heraus bis in die physischen Vorgänge hinunter wirkt, beim Erwachsenen wie beim Kinde.

Diese Dimension geht dem Lautsprecher völlig ab. Ihm ist es unmöglich, Luftlautformen zu bilden. Er produziert nichts als Schallwellen, mechanische Schwingungen einer Pappmembran, die sich an niemanden wenden und von niemandem eine Reaktion erwarten. Zwar reagieren Kinder auch auf solche Laute mit Mikrobewegungen ihres Körpers, ihr eigener Lautbildungs-*Wille* aber wird nicht angesprochen, und so findet keine nennenswerte Sprachentwicklung statt, wie die Befunde von Sally Ward überdeutlich machen. Der Lautsprecher ist und bleibt ein Autist, der für die kindliche Entwicklung nichts ausgibt.

## Die Bedeutung der Luftlautformen

Aus alledem ist zu ersehen, wie notwendig ein Umdenken in bezug auf die Sprache geworden ist. Sprache darf nicht als ein rein technischer Prozeß verstanden werden. Wenn sie heilsam zwischen den Menschen wirken soll, muß in ihr die geistige Kraft wirken, die nur von einem Ich-Wesen ausgehen kann, jener Sprechwille, der vollkommen untertaucht in die muskulären Prozesse des Leibes und dort blitzschnell die plastischen Formen schafft, die den Atemstrom zu Sprachlauten figurieren. Wir nehmen für gewöhnlich nur das Ergebnis wahr, nämlich die akustischen Phänomene, die durch die Luft zu uns dringen. Die unsichtbar dahinterstehende Kraft wird uns erst offenbar, wenn wir ihr formschaffendes Wirken sichtbar machen. Daher kann das Studium der Luftlautformen helfen, ein neues, umfassenderes Bild von der Sprache zu gewinnen, ein Bild, welches das Geistige im Menschen mit den leiblichen und physikalischen Vorgängen zu einer Ganzheit zusammenbindet. Dann erst sind wir auf dem Wege zu einer spirituell durchdrungenen Wissenschaft.

Peter Nantke

# Luftlautformen – sichtbar gemacht

## Vorbemerkung

Die Betrachtungen des folgenden Aufsatzes sollen zu einem Verständnis der Luftlautformen hinführen. Das erste Kapitel behandelt die Eigenschaften der Luft und die Verfahren zur Beobachtung von Luftlautformen. Im zweiten Kapitel wird versucht, einige Gesichtspunkte darzustellen, die man aus der Arbeit mit und an den Luftlautformen gewinnen kann. In einem gesonderten Kapitel wird dann das Leben von Johanna Zinke skizziert.

Was sind Luftlautformen? Rudolf Steiner hat wohl als erster auf sie aufmerksam gemacht. Es handelt sich dabei um die Strömungsformen, die beim Sprechen vor dem Mund entstehen. Johanna Zinke hat sie als erste systematisch erforscht.

Zu meinen Ausführungen über die Untersuchungsmethoden sei bemerkt, daß sie die im Aufsatz von Johanna Zinke enthaltene Darstellung ergänzen und vertiefen sollen, so daß der Leser sich eine deutlichere Vorstellung von den benutzten Verfahren machen kann.

Eine Arbeit wie die von Johanna Zinke ist heutzutage notwendigerweise den verschiedensten Mißverständnissen ausgesetzt. Dies liegt daran, daß sie nicht einfach vom naturwissenschaftlichem Standpunkt aus beurteilt werden kann. Die materiell vorhandenen Luftlautformen sind nur die äußere Schale. Diese Schale verhält sich zu dem, worum es Johanna Zinke bei ihren Arbeiten ging, etwa so, wie das Gesicht eines Menschen sich zu seinem inneren Wesen verhält. Ein Verständnis der Luftlautformen ist daher nur möglich, wenn man sich im Anschauen der Strömungsformen vom Anblick der äußeren Schale lösen kann und den Blick auf das Wesen der Sprache selber richten lernt.

Johanna Zinke wollte mit ihren Arbeiten einen Beitrag zum geisteswissenschaftlichen Verständnis von Sprache und Eurythmie geben. Sie knüpfte an die Forschungen Rudolf Steiners an, insbesondere an die Kurse *Eurythmie als sichtbare Sprache* [1] und *Sprachgestaltung und dramatische Kunst* [2]. Mit der hier vorliegenden Veröffentlichung sollen ihre Arbeiten bekannt gemacht werden, damit man auf sie aufbauen kann, sei es, um ihre Versuche zu wiederholen und weiterzuführen, oder auch, um sie für ein Studium der Sprachgestaltung oder Eurythmie zu verwenden, oder schließlich nur, um sich an den Luftlautformen zu erfreuen.

In der folgenden Äußerung Rudolf Steiners zur heutigen Aufgabe der Wissenschaften kommt treffend zum Ausdruck, in welcher Gesinnung Johanna Zinke geforscht hat: «Wir mögen den Blick hinauswenden zunächst naiv auf unsere Umgebung. Wenn wir aber dabei bleiben, das Auge bloß auf die äußeren Eindrücke zu richten, dann tun wir nicht unsere Schuldigkeit. Wir tun sie nur dann, wenn wir uns bewußt sind, daß wir die äußeren Eindrücke beziehen müssen auf hinter ihnen stehende geistige Mächte. Wenn wir Wissenschaft treiben und machen es so wie die Gelehrsamkeit, dann tun wir nicht unsere Schuldigkeit. Wir müssen alles das, was wir erfahren können über die Gesetze der Naturerscheinungen, über die Gesetze der Seelenerscheinungen, so betrachten, daß wir es wie eine Sprache anschauen, die uns hinaufführen soll in eine göttlich-geistige Offenbarung. Wenn wir das Bewußtsein haben, daß wir alle physikalischen, chemischen, biologischen, physiologischen Gesetze so betrachten sollen, daß wir sie auf etwas Geistiges beziehen, was sich uns offenbart, dann tun wir unsere Schuldigkeit.»[3]

An dieser Stelle sei der vielen Menschen gedacht, die Johanna Zinke bei ihrer Arbeit unterstützt und gefördert haben. In der Tat wäre diese Forschungsarbeit ohne solche Unterstützung nicht möglich geworden. Nicht alle Namen können genannt werden, aber drei Persönlichkeiten sind an dieser Stelle zu erwähnen: Gertraud Jorich und Karen Niklowitz haben in der Pionierphase für Johanna Zinke gesprochen, Dr. Karl-Heinz Niklowitz hat die Arbeit mit Rat und Tat über Jahre hinweg begleitet. Ihnen wie allen anderen sei hier herzlich gedankt.

## Eigenschaften der Luft

Das Medium der Sprache ist die Luft. Ihrer bedienen wir uns beim Sprechen. Deshalb ist es gut, sich die Eigenschaften der Luft bewußt zu machen, wenn man sich mit den Luftlautformen beschäftigen will. Auch wenn die dargestellten Tatsachen fast alle allgemein bekannt sind, hilft eine Zusammenschau aller in Betracht kommenden Fakten zu einem besseren Verständnis. Freilich kann man sich an den in diesem Buch enthaltenen Bildern auch ohne ein solches Hintergrundwissen einfach nur erfreuen, und dies soll ausdrücklich als berechtigt anerkannt werden.

Die Lufthülle der Erde besitzt die merkwürdigsten Eigenschaften. Im täglichen Leben gehen wir unaufmerksam, ja meistens unbewußt an diesen Eigenschaften, denen wir doch unser ganzes Leben eigentlich verdanken, vorüber. Alle sind sie wichtig für die Erforschung und das Verständnis der Luftlautströmungen. Deshalb sollen sie hier soweit dargestellt werden, wie es für ein Verständnis der Luftlautströmungen nötig ist. In ihrer Gesamtheit vermitteln sie ein Bild von der Lufthülle der Erde, das zu einem besseren Verständnis des Menschen beitragen kann, wenn man es wagt, es in Bezug auf den Menschen zu betrachten. Die merkwürdigen und wunderbaren Eigenschaften der Luft bestimmen alles Leben auf der Erde. Ohne sie wäre Leben in der uns bekannten Form nicht möglich.

Die Luft ist ein Gemisch verschiedener Gase. Sie enthält, abgesehen von Verschmutzungen, im wesentlichen Sauerstoff, Stickstoff, Kohlendioxid, Wasserstoffgas, verschiedene Edelgase und – den meisten Menschen wenig bewußt – Wasser. Obwohl die Luft nur verhältnismäßig geringe Wassermengen aufnehmen kann (bei 20° C höchstens 1,52 % ), entfaltet das in der Luft enthaltene Wasser, wie wir noch sehen werden, eine gewaltige Wirksamkeit. Die trockene, d.h. wasserfreie Luft [5] besteht aus (alle Angaben in Gewichtprozent)

| | |
|---|---|
| Stickstoff | 75,51 % |
| Sauerstoff | 23,15 % |
| Argon | 1,28 % |
| Kohlendioxid | 0,05 % |

und geringen Mengen weiterer Gase. Die Mischung dieser Substanzen ist dasjenige, was wir Luft nennen. Diese Mischung darf man sich aber nicht so vorstellen wie eine Mischung fester Stäube, z.B. Mehl oder Sand, sondern es ist so, daß alle diese Substanzen die Tendenz haben, sich über das ganze Volumen der Luft gleichmäßig auszudehnen. Deshalb sind sie im ganzen betrachteten Luftvolumen vorhanden. Dabei übernimmt jedes Gas einen Teil des Luftdruckes, und zwar entsprechend der Menge, in der es in dem betrachteten Luftvolumen vorkommt. Auch das in der Luft vorhandene Wasser ist ein Gas und verhält sich insofern genauso wie die anderen in der Luft enthaltenen Gase. Das Wasser übernimmt also einen seiner Menge entsprechenden Teil des Gesamtluftdrucks und dehnt sich tendenziell über den ganzen Luftraum aus. Dabei verdrängt es einen Teil der anderen Gase, so daß deren Anteile entsprechend sinken. Dieses Verhalten der Gase ist sehr erstaunlich! Gase können sich gegenseitig durchdringen. Sie bilden von ihrer eigenen Natur her keinen umgrenzten Raum; für sie gilt der Satz, daß an einer Stelle nicht gleichzeitig zwei verschiedene Substanzen sein können, nicht. Gase bilden keine Körper. Diese Eigenschaft erlangen die Gase unter dem Einfluß der Wärme. Kühlt man eine gasförmige Substanz ab, dann wird sie zunächst flüssig und bei genügend tiefer Temperatur schließlich fest.

Das gasförmige Wasser, welches sich in der Luft befindet, nennt man Wasserdampf. Das ist eine in der Alltagssprache mißverständliche Benennung. In der Alltagssprache versteht man unter *Wasserdampf* vielfach das wolkig kondensierte Wasser. Wenn in der Atmosphäre Wolkenbildung auftritt, dann haben wir es bei den Wolken nicht mehr mit Wasserdampf zu tun, sondern mit sehr kleinen Wassertröpfchen, die in ihrer Gesamtheit als Nebel die Wolke bilden. Die Wolke besteht also aus nebelförmigem Wasser. Man ist sofort versucht zu fragen, warum die Wolke nicht herunterfällt, denn bekanntlich ist flüssiges Wasser schwerer als Luft. Wir beobachten ja auch, daß manche niedrig hängenden Wolken ihr Wasser als Regen abgeben. Es muß aus diesem Grund eine Auftriebskraft geben, welche die Wolken oben hält; wenn sie fehlt oder nicht groß genug ist, regnet die Wolke ab. Dort, wo wir Wolken sehen, gibt es also immer Luftauftrieb, der die Wolke oben hält. Das Wasser in der Luft, der gasförmige Wasserdampf, hat gegenüber den anderen Bestandteilen der Luft eine Ausnahmerolle; der Wasserdampf kann zu Wasser kondensieren oder in großen Höhen sogar unmittelbar aus dem gasförmigen in den festen Zustand übergehen. Den letzteren Vorgang nennt man *Sublimation*. Die schönen Cirruswolken, die uns wie feine Federn erscheinen, entstehen durch diesen Prozeß. Sie bestehen aus feinen Eiskristallen und schweben in einer mittleren Höhe von 8000 m. Während die anderen Bestandteile der Luft im wesentlichen immer in gleichbleibender Menge in der Luft vorhanden sind, wechselt der Anteil des Wasserdampfes sehr stark, man spricht von mehr oder weniger *feuchter* Luft. In dieser Sprechweise meint deshalb *feucht* keineswegs einen Flüssigkeitsanteil, sondern eben das in der Luft enthaltene gasförmige Wasser.

Für die Verwandlung des Wassers in Wasserdampf ist eine sehr große Wärmemenge erforderlich [6]: Um 1 kg Wasser bei einer Temperatur von 20° C in Wasserdampf zu verwandeln, ist eine Wärmemenge von 586 kcal nötig. Wenn der Wasserdampf wieder zu Wasser kondensiert, z.B. bei der Bildung von Wolken, wird die entsprechende Wärmemenge frei. Bei der Entstehung und Auflösung von Wolken haben wir es also mit gewaltigen Wärmeumsetzungen zu tun.

Trockene, d.h. völlig wasserfreie Luft gibt es nur sehr selten. Trockene Luft saugt das Wasser wie ein Schwamm auf. Aus diesem Grund kann man nasse Wäsche an der Luft trocknen. Das Wasser *verdunstet* in die Luft hinein, bis die Luft mit Wasser *gesättigt* ist. Der Zustand, in dem die Luft kein Wasser mehr aufnehmen kann, heißt *Sättigungszustand*. Die Wassermenge, die die Luft auf diese Weise aufnehmen kann, ist sehr stark von der Temperatur der Luft abhängig. Kalte Luft kann nur sehr wenig Wasser aufnehmen. Deshalb gibt warme feuchte Luft, wenn man sie abkühlt, einen Teil ihres Wasserinhaltes als Nebel ab. An frostigen Wintertagen kann man dies sehr schön an der Nebelbildung beim Ausatmen beobachten. Sehr warme Luft nimmt sehr viel mehr Wasser auf. Dies kann man an heißen Sommertagen im Wald erleben. Dort bildet sich ein schwüles Klima aus. Die Empfindung der Schwüle rührt daher, daß die mit Wasser gesättigte Luft die Hautfeuchtigkeit nicht mehr aufnehmen kann.

Eine sehr merkwürdige Tatsache ist, daß die Luft durch die Aufnahme von verdunstetem Wasser leichter wird![3] Warme und zugleich feuchte Luft hat gegenüber einer kälteren Umgebung immer die Tendenz, nach oben aufzusteigen. Als wichtigen Tatbestand können wir festhalten, daß die Luft umso mehr Wärme enthält, je mehr Wasserdampf sie aufgenommen hat. Diese Wärme setzt sich aus einem fühlbaren Teil, den wir als Lufttemperatur wahrnehmen können, und einem latenten Teil, der als Verdampfungswärme in der Wasserluft enthalten ist, zusammen.

Materielle Substanzen verhalten sich zu Strahlung sehr verschieden. Sie können Strahlung entweder reflektieren oder durchlassen oder aber absorbieren. Blankpolierte Metalle reflektieren Strahlung. Jeder Spiegel ist ein Reflektor für das Licht. Glas hingegen läßt Lichtstrahlung durch, es ist *durchsichtig*. Ein das Licht reflektierender Körper läßt das Licht nicht durch, er wirft es zurück. Wenn ein Körper eine bestimmte Strahlung absorbiert, also sie aufnimmt, dann läßt er sie ebenfalls nicht durch, aber er ist zugleich selber ein *aktiver* Strahler. Schwarze Stoffe absorbieren z.B. Wärmestrahlung, sind aber zugleich entsprechend ihrer Temperatur aktive Wärmestrahler und geben auf diese Weise ihre Wärme wieder ab. So werden z.B. in klaren Winternächten Eisenbahnschwellen aus imprägniertem Holz durch ihre große Wärmeabstrahlung viel kälter als die auf ihnen befestigten Schienen. Die Schwellen sind morgens bereift, während die Schienen blank bleiben.

Die Luft verhält sich nun gegenüber Licht und Wärme besonders merkwürdig. Luft, die kein Wasser und kein Kohlendioxidgas enthält bzw. nur geringe Spuren dieser Substanzen, ist nicht nur *durchsichtig*, sondern auch *durchwärmig*, mit einem Fachausdruck: *diatherman*. Sie läßt die Wärmestrahlung vollständig durch, ohne sich dabei selber zu erwärmen. Deshalb gelangt bei klarem, trockenem Wetter die Sonnenwärme praktisch ungeschwächt zur Erdoberfläche. Dadurch wird die Erde erwärmt, die nun ihrerseits durch unmittelbare Berührung die Luft aufheizt. Sobald die Luft jedoch gasförmiges Wasser oder auch Kohlendioxidgas enthält, ist sie nicht mehr diatherman, sondern absorbiert einen großen Teil der auf sie auftreffenden Wärmestrahlung.

Die Luft ist durchsichtig und kann das Licht je nach ihrer Dichte mehr oder weniger brechen. An der Grenzfläche zweier durchsichtiger Stoffe mit verschiedener Dichte wird das Licht gebrochen, und zwar wird es aus seiner ursprünglichen Richtung umso stärker abgelenkt, je schräger es auf die Grenzfläche trifft. Dies tritt auch ein, wenn Licht aus einem Vakuum in die Luft eintritt. Das Brechungsverhältnis einer durchsichtigen Substanz gegen das Vakuum heißt absolutes Brechungsverhältnis oder kurz Brechzahl. Die Brechzahl der Luft beträgt bei 20° C $n_0$ = 1,00028, die des Wassers 1,33. Die Brechzahl der Luft hängt von ihrer Dichte ab und ist deshalb bei hoher Temperatur kleiner als bei niedriger. Ein warmer Luftstrom in einer kälteren Umgebung lenkt deshalb das Licht ab. Hierdurch entstehen die als *Schlieren* bekannten Erscheinungen. Schaut man durch eine Schliere hindurch, erscheinen die dahinterliegenden Gegenstände verzerrt und flimmernd. Man kann dies an der heißen Luft, die von Asphaltflächen, brennenden Kerzen, heißen Öfen aufsteigt, sehr schön sehen. Auch das Flimmern der Fixsterne ist auf die Dichteschwankungen in der Lufthülle zurückzuführen.

3 Bei 20° C und einem Luftdruck von 735,5 mmHg kann 1 kg Luft 0,01584 kg Wasser aufnehmen. Dagegen kann 1 kg Luft bei –20° C nur noch 0,000654 kg Wasser aufnehmen! Betrachten wir noch einmal den Zustand bei 20° C und 735,5 mmHg: Der Druckanteil der Wasserluft am Gesamtdruck (sog. Partialdruck) beträgt hier 17,54 mm Quecksilbersäule. 1 $m^3$ Luft-Wasser-Gemisch wiegt bei dieser Temperatur 1,1549 kg. Bei derselben Temperatur und demselben Luftdruck wiegt dagegen 1 $m^3$ völlig wasserfreier Luft 1,17 kg. Feuchte Luft ist also leichter, weniger dicht als trockene und bekommt schon dadurch die Tendenz, nach oben zu steigen. Da sich die Luft durch Erwärmung ausdehnt, wird sie auch dadurch, bezogen auf den $m^3$, leichter.

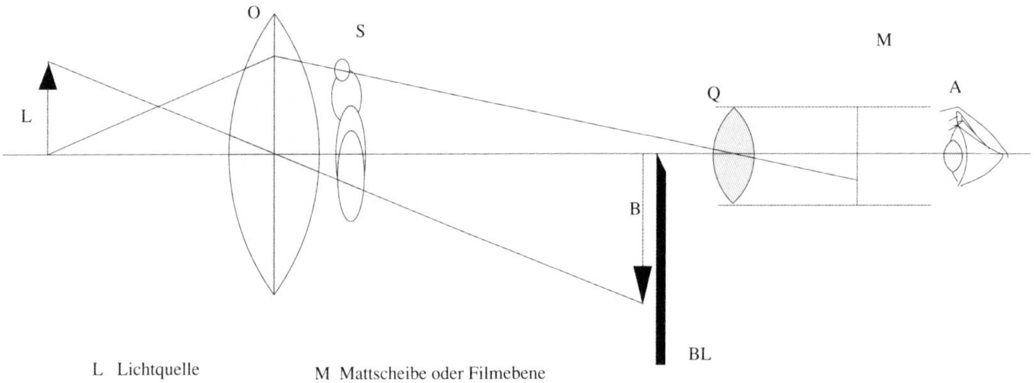


L Lichtquelle
B Reelles Bild
BL Schlierenblende
O Objektiv
Q 2. Objektiv

M Mattscheibe oder Filmebene
A Auge des Betrachters
S Schliere

Abb. 1: Toeplersche Schlierenoptik

Am bekanntesten ist die Elastizität der Luft. Jeder, der einmal einen Fahrradreifen aufgepumpt hat, weiß, daß sich zusammengedrückte Luft wie eine Feder benimmt: Sie will sich wieder ausdehnen. Aber man kann die Luft im Gegensatz zu Wasser zusammendrücken, sie ist *kompressibel*. In einer anderen Hinsicht dagegen gleicht sie dem Wasser. Ebensowenig wie das Wasser setzt sie inneren Verschiebungen einen nennenswerten Widerstand entgegen. Luftmassen können deshalb leicht aneinander vorbeigleiten. Dadurch sind Luftströmungen möglich. Dasselbe ist natürlich beim Wasser der Fall. Der fehlende Widerstand gegen Gleitbewegung (Scherung) ermöglicht Strömung. Die Fortpflanzung des Schalls in der Luft wird dagegen erst durch ihre Elastizität möglich. Wäre die Luft vollständig plastisch, etwa wie zäher Honig, so könnte sich der Schall in ihr nicht fortpflanzen. Der Schall, der sich in Luft mit 340 m/s fortpflanzt, beruht folglich auf einer anderen Eigenschaft der Luft als die Luftlautströmung. Sprache als reines Schallphänomen aufzufassen stellt also eine ganz einseitige Sichtweise dar.

## Kondensationsverfahren

Durch das Kondensationsverfahren entdeckte Johanna Zinke die Luftlautströmungen. Es beruht darauf, daß der in der Atemluft enthaltene Wasserdampf beim Sprechen unter dem Einfluß sehr niedriger Temperaturen zur Kondensation gebracht wird. Dadurch entstehen Wolkenformen, welche die Luftlautströmungen sichtbar werden lassen und die man deswegen fotografisch festhalten kann. Die Luft, die wir beim Sprechen ausatmen, ist mit Wasser gesättigt, und sie ist außerdem wärmer als die Luft, die wir einatmen. Dagegen ist die Einatmungsluft trockener als die Luft, die wir ausatmen. Bei winterlichem Frost ist diese Differenz zwischen dem Wassergehalt der eingeatmeten und der ausgeatmeten Luft besonders groß, weil die Atmosphäre bei dieser Wetterlage wenig Wasserdampf enthält. Der Mensch gibt der Luft beim Sprechen Wasser mit. Die Luftlautströmung besteht also aus feuchter und warmer Luft. Die Kondensationsformen (Zinke spricht von Hauchformen) erscheinen zart und durchsichtig, verglichen mit den nach anderen Methoden sichtbar gemachten Luftlautströmungen.

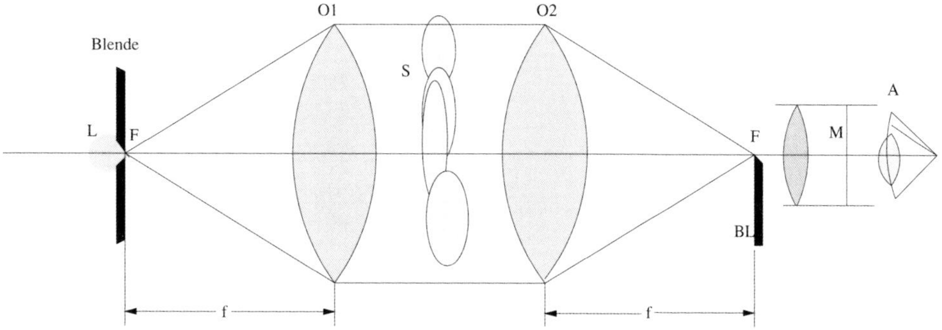


L Punktlichtquelle
F Brennpunkt
f Brennweite
O1 u. O2 Objektive
BL Schierenblende
S Schliere
M Mattscheibe oder Filmebene
A Auge

Abb. 2: Toeplersche Schlierenoptik

## Rauchmethode

Bei diesem Verfahren atmet der Sprecher Zigarettenrauch ein, der die Luftlautströmungen beim Sprechen sichtbar macht, sie gewissermaßen färbt. Die Luft wird also verschmutzt, damit die Luftlautformen sichtbar werden. Die Luftlautströmungen sind bei der Rauchmethode transparent und in ihrer Bewegungsgestalt gut zu erkennen. Es entsteht sofort die Frage, ob die auf diese Weise entstandenen Formen mit den durch die Kondensationsmethode entstehenden vergleichbar sind. Hierüber kann nur der Augenschein entscheiden. In der Tat ist es so, daß die bei dieser Methode entstehenden Formen denen, die bei der Kondensationsmethode gebildet werden, sehr ähnlich sind (Tafel 1).

## Toeplersche Schlierenmethode

Das Schlierenverfahren wurde von Toepler[4] ursprünglich entwickelt, um Inhomogenitäten in optischen Gläsern feststellen zu können. Es beruht darauf (siehe Abbildung 1), daß das Licht an einer Schliere anders gebrochen wird als im homogenen Medium.

Die Lichtquelle L links im Bild wird durch das Objektiv O bei B abgebildet. Unmittelbar bei B befindet sich die Schlierenblende BL, die verhindert, daß das Bild B durch das Objektiv Q auf der Mattscheibe M abgebildet werden kann. Bringt man jedoch in den Lichtweg zwischen O und BL eine Schliere S, dann wird ein Teil des Lichtes an BL vorbeigeleitet; es entsteht ein Bild der Schliere auf der Mattscheibe M. Da die Ausatmungsluft nicht nur feuchter, sondern auch wärmer als die Umgebungsluft ist, besitzt sie eine andere Brechzahl als jene und erzeugt daher beim Sprechen eine Schliere, die auf die beschriebene Weise mit der Schlierenoptik sichtbar gemacht werden kann.

Die heute meistens angewendete Anordnung (siehe Abbildung 2) ist für die meisten Zwecke vorzuziehen. Bei diesem Aufbau wird eine Punktlichtquelle im Brennpunkt der Linse O1 angeordnet. Das Licht verläßt O1 parallelisiert, d.h. als Lichtzylinder, und tritt so in die Linse O2 ein. Der Abstand zwischen O1 und

4 August Josef Ignaz Toepler (1836 – 1912), Physikprofessor in Riga, Graz und Dresden.

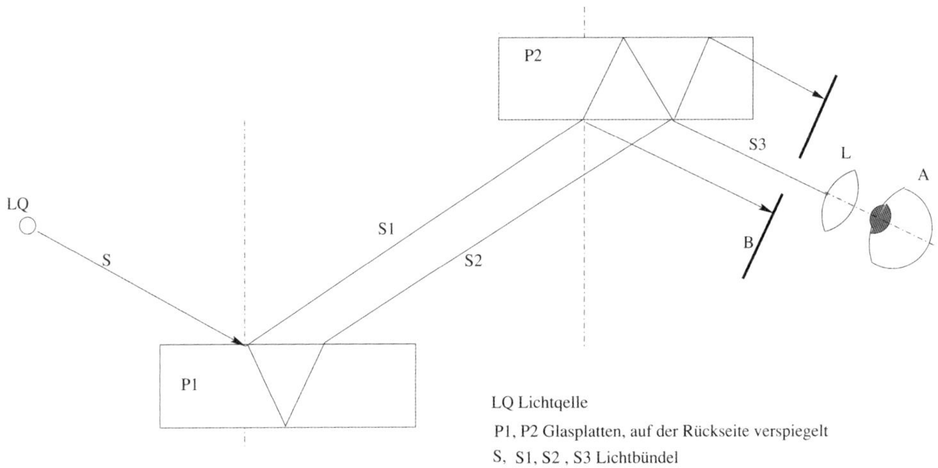


Abb. 3: Interferometer nach Jamin

LQ Lichtqelle
P1, P2 Glasplatten, auf der Rückseite verspiegelt
S, S1, S2, S3 Lichtbündel
L Lupe
A Auge
B Blende zum Abblenden der Nebenbilder

O2 ist größer als die doppelte Brennweite. Die Blende BL ist im Brennpunkt von O2 angeordnet und blendet das Bild der Punktlichtquelle aus. Die Schliere S jedoch wird wieder ähnlich wie bei der ersten Anordnung auf der Mattscheibe M abgebildet.

Damit man die verschiedenen Untersuchungsmethoden und die mit ihnen gewonnenen Wahrnehmungsbilder richtig beurteilen kann, sollte man sich klar machen, was man eigentlich sieht. Auf der Mattscheibe der Schlierenoptik erscheint ein Bild, welches den Eindruck der Abgeschlossenheit macht. Man erlebt die Luftlautströmung wie einen undurchsichtigen Gegenstand, den man von außen anschaut. Man erblickt im Schlierenbild gleichsam die Haut der Luftlautströmung. Dies ist auch verständlich, denn die dahinströmende warm-feuchte Ausatmungsluft bildet, bis sie sich in ihre Umgebung hinein auflöst, eine zusammenhängende Luftmasse mit einer Grenze gegenüber der Umgebung. Was im Innern eines solchen Gebildes geschieht, während es dahinströmt, kann man beim Schlierenverfahren nicht unmittelbar erkennen. Deshalb ist es wichtig, daß man sich nicht auf eine einzige Untersuchungsmethode beschränkt.

Man bemerke, daß der Luft beim Sprechen nicht nur Wasser, sondern auch Körperwärme und Kohlendioxid mitgegeben wird. Die Luftlautströmung enthält die drei Elemente Feuer, Wasser und Luft.

## Die interferometrische Methode

Die interferometrische Methode soll hier nicht mit derselben Ausführlichkeit behandelt werden wie die Schlierenmethode. Bei ihr werden die beim Sprechen entstehenden Schlieren mittels eines Interferometers abgebildet (Abb. 3). Das Bild zeigt das Prinzip eines von Jamin[5] 1856 entworfenen Apparates, des sog. Interferenzrefraktors. Auch diese Methode beruht darauf, daß warme Luft eine kleinere Brechzahl als kalte Luft besitzt.

Das von der Lichtquelle LQ kommende Licht wird an der Glasplatte P1 in zwei Bündel S1 und S2 aufgespalten. Die zu P1 parallel aufgebaute Glasplatte P2, die dieselbe Dicke wie P1 hat, liefert vier Lichtbündel. Zwei davon fallen im Bündel S3 zusammen und können daher miteinander interferieren.[6] Die beiden äu-

5 Jules Célestin Jamin (1818 – 1886), französischer Physiker

ßeren würden die Beobachtung der Interferenz stören und werden deshalb ausgeblendet. Bringt man in den Lichtweg S1 ein optisch inhomogenes Medium, z.B. eine Schliere, so ändert sich der Lichtweg in S1 gegenüber S2, und das Auge kann ein durch Interferenz in S3 hervorgerufenes Bild der Schliere beobachten. Die räumliche Trennung von S1 und S2 kann durch Verwendung von Spiegeln vergrößert werden (Interferometer von Mach und Zehnder), so daß auch größere Objekte bequem untersucht werden können.

Alle hier dargestellten Beobachtungsverfahren erlauben im Prinzip den Einsatz von Filmkameras, so daß man die zeitliche Entwicklung der Luftlautströmungen festhalten kann. Durch den Einsatz von Hochgeschwindigkeitskameras mit sehr kleinen Belichtungszeiten kann die zeitliche Auflösung der Entwicklung der Luftlautströmung so groß gemacht werden, daß rhythmische Feinstrukturen in den Luftlautströmungen erkennbar werden.

## Zum Verständnis der Luftlautformen

Im folgenden sollen die Gesichtspunkte, die Johanna Zinke bei ihrer Arbeit zugrunde gelegt hat, dargestellt werden. So einfach dies zunächst erscheint, so schwierig ist es doch im einzelnen. Johanna Zinkes Arbeitsfeld war nicht nur die physisch-sinnlich erscheinende Luftlautströmung. Ihr Ausgangspunkt lag im Felde der anthroposophischen Geisteswissenschaft. Sie hatte sich mit der Lauteurythmie, also mit dem Zusammenhang von Sprache und eurythmischer Gebärde, beschäftigt. Beim Studium des Lauteurythmiekurses [1] fand sie einen Hinweis Rudolf Steiners, daß beim Sprechen Strömungsformen in der Luft entstehen, die man mit geeigneten technischen Hilfsmitteln auch sichtbar machen könne.

Diese Strömungsformen sah sie zum ersten Mal bewußt im Winter 1961/62 im ungeheizten Wintergarten ihrer Wohnung. Aus dieser Wahrnehmung ergaben sich für sie eine Reihe von Fragen. Die Hauptfrage war wohl: *Kann man am Beispiel der Luftlautströmungen erkennen, wie Geistiges in die physische Welt eingreift?* Andere Fragen mehr praktischer Natur ergaben sich hieraus. Aber eine Frage bewegte sie doch besonders, nämlich: *Kann man durch ein Studium dieser Formen eine konkrete Vorstellung vom Bildekräfteleib des Menschen erhalten?*

An diesen Fragen entzündete sich eine Auseinandersetzung mit den Überzeugungen ihrer Jugend. Zwar hatte sie inzwischen längst die Überzeugung von der Wirklichkeit des Geistes durch ihre Beschäftigung mit der Anthroposophie gewonnen, aber gerade dadurch wurde für sie die Frage nach dem Zusammenhang von Geist und Materie eine brennende. Für den Materialisten gibt es dieses Problem nicht, eben weil es für ihn den Geist nicht gibt. So ist das Auftreten dieser Frage ein Symptom dafür, daß die Seele die Realität von Geist und Materie nebeneinander erlebt, ohne jedoch beides miteinander vereinen zu können. Solange man die Frage nur abstrakt stellt, ahnt man allerdings ihre ganze Tiefe noch nicht. Johanna Zinke stellte diese Frage nicht nur, sie wurde ihr zur Lebensfrage und führte sie zu der Beschäftigung mit den Luftlautformen. Diese wurden für sie physiognomisches Bild der Laute, ja ein Weg zurück zur Ursprache.

Im Sprechen erlebt der Mensch, wie er etwas von seinem inneren Wesen der Außenwelt mitteilt, ja sogar einprägt. Indem er seinem eigenen Sprechen erlebend nachgeht, ahnt er, wie Geist in das Materielle

6 Unter Interferenz versteht man das Zusammenwirken zweier Wellenzüge, in der Weise, daß sie sich an gewissen Stellen schwächen oder gar auslöschen, an anderen dagegen verstärken. Wenn man sich das Licht als elektromagnetische Welle vorstellt, können zwei Lichtwellenzüge unter bestimmten Bedingungen miteinander interferieren. Solche Interferenzerscheinungen gelten dann als Beweis für die Wellennatur des Lichtes.

gestaltend eingreift. Wir üben ein Stück Selbsterkenntnis, indem wir dem eigenen Sprechen hörend, aber auch den Atemstrom und die Tätigkeit der Sprachorgane erlebend, nachgehen. Die Sprache verbindet uns durch den Atem und die Luft mit unseren Mitmenschen. Die Luftlautformen waren nun für Johanna Zinke das Mittel, sich der Sprache mit den Augen schauend gegenüberzustellen. Das war ihre Methode, beim Erleben der Sprache von der Selbsterkenntnis zur Welterkenntnis überzugehen. Es wurde ihr klar, daß Sprache nicht nur Schall ist, der durch die Luft übertragen wird, sondern da entstehen auch noch die plastisch bewegten Formen, die sie dann *Luftlautformen* nannte. Ein Lautsprecher erzeugt eben nur den Schall der Sprache und selbst den nur unvollkommen. Jedermann könnte sich davon überzeugen, wie anders sich Sprache anhört, je nachdem, ob sie durch eine Lautsprecheranlage übertragen wird oder ob man sie *live*, ohne Benutzung eines verstärkenden Lautsprechers, hört.

Die Luftlautformen sind in Bewegung, sie werden geboren, entfalten sich und sterben dahin. Sie breiten sich im Raum aus, aber eben sehr viel langsamer als der Schall, der eine Ausbreitungsgeschwindigkeit von 340 m/s besitzt. Ihre Ausbreitungsgeschwindigkeit gleicht etwa der Geschwindigkeit unserer Auffassung, das heißt, der Geschwindigkeit, mit der wir verstehen, was gesprochen wird. Die Ausbreitungsgeschwindigkeit des Schalls entzieht sich schon unserer Vorstellungskraft; die Geschwindigkeit, mit der sich die Luftlautformen entwickeln, hingegen nicht. Diese Fakten waren Johanna Zinke klar. Als sie Bilder von Luftlautformen mit der Interferenzmethode herstellte, entdeckte sie auf den Aufnahmen sogar die Spuren der Schallwellen (perlförmige Bläschen in regelmäßigem Abstand).[7] An diese Spuren schloß sich für sie die Frage nach dem Wesen des Tones an. Sie lernte zu unterscheiden zwischen dem Ton als solchem und seinem Träger, der Schallwelle. Das Ton- und das Lauterlebnis wurden für Johanna Zinke allmählich etwas Eigenständiges gegenüber der materiellen Spur, die die Laute und die Töne in der Luft hinterlassen. Nachdem ihr dies deutlich geworden war, konnte sie die Luftlautformen als Gebärden der Laute und des Wortes verstehen. Fragen dieser Art liegen in einem Grenzgebiet. Sie sind nicht allein mit naturwissenschaftlichen Methoden zu beantworten. Daher entstand aus der Natur der Sache die Notwendigkeit, die Beobachtungen an den Luftlautformen immer wieder auf Beobachtungen, die sie an ihrem eigenen Sprechen machte, zu beziehen. Ein solches Beobachten des eigenen Sprechens gehört schon in das Gebiet der Selbsterkenntnis und führt, wenn es sorgfältig und genau betrieben wird, aus dem Gebiet der Naturerkenntnis heraus. Die sinnlich-sittliche Wirkung des Wortes kann gegenständlich werden.

Als Vorbild für ein solches Verfahren kann uns die wissenschaftliche Arbeit Goethes gelten. Goethe fragt zunächst nicht nach dem Warum einer Erscheinung. Er fragt nach den Unterschieden und nach der Ordnung, dann nach den Prinzipien, den Uranfängen. Diese nennt er *Urphänomene*. Das Wort deutet schon an, daß er keine jenseitigen Ursachen für die Erscheinungen sucht. Für ihn lebt das Ideelle in der Erscheinung und wird im Urphänomen sichtbar. Goethe scheidet nicht zwischen der Sinnenwelt einerseits und der Ideenwelt andererseits. Das Urphänomen ist den Sinnen zugänglich, aber nur, wenn die Sinne in ihrer Betätigung vom Denken geleitet werden. Er spricht dies in dem Gedicht *Vermächtnis* so aus [7]:

> Den Sinnen hast du dann zu trauen,
> Kein Falsches lassen sie dich schauen,
> Wenn dein Verstand dich wach erhält.

In Goethes Erkenntnisbemühung hat Kausalität als *Zurückführen* eines *Nachfolgenden* auf ein *Vorhergehendes* keinen Platz. Aber auch gedacht als Zurückführen eines *Bestehenden* auf ein *Zugrundeliegendes* hat Kausa-

7 Bei diesen Bläschen handelt es sich um kleine Wirbel, die als Feinstruktur in der Luftlautströmung entstehen.

lität für Goethe keine zureichende Bedeutung. Beides erscheint ihm als eine Verengung der Betrachtungsweise. Goethe bezieht den Begriff der Kausalität auf das Verhältnis von *Phänomen* und *Urphänomen* und bedient sich dabei der Ausdrücke *zurückführen, ableiten*. Das Urphänomen faßt eine Gruppe von Erscheinungen zusammen, so daß sie aus ihm verständlich werden, oder mit anderen Worten, sich aus ihm *ableiten* lassen, auf es *zurückgeführt* werden können. Um Goethes Auffassung diesbezüglich genauer kennenzulernen, muß man seinen Aufsatz *Der Versuch als Vermittler von Objekt und Subjekt* [8] studieren. Das Experiment hat bei ihm nicht die Aufgabe, die Ursachen der Erscheinungen zu offenbaren, sondern nur ihre Ordnung sichtbar zu machen: «So schätzbar aber auch ein jeder Versuch einzeln betrachtet sein mag, so erhält er doch nur seinen Wert in Vereinigung und Verbindung mit anderen. Aber eben zwei Versuche, die miteinander einige Ähnlichkeit haben, zu vereinigen und zu verbinden, gehört mehr Strenge und Aufmerksamkeit, als selbst scharfe Beobachter oft von sich gefordert haben. Es können zwei Phänomene miteinander verwandt sein, aber doch noch lange nicht so nah als wir glauben. Zwei Versuche können scheinen auseinander zu folgen, wenn zwischen ihnen noch eine große Reihe stehen müßte, um sie in eine recht natürliche Verbindung zu bringen.»

Nicht der einzelne, isolierte Versuch, sondern eine vielfältige Reihe miteinander verwandter Versuche bringt erst das Phänomen zur Erscheinung. Dieses wahrnehmend-denkende Suchen führt an jene Grenze, an der das Wesentliche zur Erscheinung kommt. Christoph Gögelein [9] führt dies an Goethes Beiträgen zur Optik vor: In den Farberscheinungen kommen Licht und Finsternis als sinnlich-übersinnliche Kräfte zur Erscheinung, aber nur, wenn man die Reihe der Versuche gewissenhaft wahrnehmend und denkend durchlaufen hat. Aber es muß auch recht deutlich gesagt werden, daß Goethe sehr genau unterscheidet zwischen dem, was man wirklich sieht, und dem, was man hinzudenkt. Gemeinhin denkt man sehr viel mehr hinzu, als man sieht. Der naive Zeitgenosse sieht nicht ohne seine Begriffe. Diese verschmelzen für ihn mit der Wahrnehmung und werden *mitgesehen*. Auf diesem Sachverhalt beruht die Täuschung, Begriffe seien von der Sinneswahrnehmung abstrahiert. Die Fähigkeit, den begrifflichen Anteil der Wahrnehmung zu erkennen, heißt zugleich, die Vorurteile in der eigenen Seele zu entdecken. Diese Fähigkeit ist eine Eigenschaft der Bewußtseinsseele.

Die Betrachtungen Gögeleins kann man leicht auf Johanna Zinkes Arbeiten anwenden. Da tritt die Frage auf: *An welche Grenzen stößt man im Nachvollzug der Versuche von Johanna Zinke?* Dazu muß man sich klar machen, daß es bei diesen Versuchen um Sprache geht. Sprache wird gehört; die dabei entstehenden Luflautströmungen werden *nicht* gehört, sondern mit dem Gesichtssinn und dem Eigenbewegungssinn (kinästhetischer Sinn) wahrgenommen. Der Lautsinn und der Wortsinn bedienen sich der anderen Sinne und vermitteln dadurch das Sprachverständnis. Fügt man nun noch diejenigen Wahrnehmungen hinzu, die man beim eigenen Sprechen an sich selbst machen kann, und dann auch diejenigen, die man beim aufmerksamen Hören *an sich selber* machen kann, dann erlebt man an der einen Grenze den *sprechenden Menschen*, der sich in Gebärden auslebt. Sprache erscheint dann als sich verwandelnde bewegte *Gebärde*. Im Hören [4] dagegen ahmt man diese Sprachgebärden innerlich nach und nimmt sie dabei verstehend auf. Wir finden also an der anderen Grenze den *hörenden Menschen*. Zwischen dem sprechenden und dem hörenden Menschen liegen die Erscheinungen, die sich in der Luft beim Sprechen ausbilden, also der Schall und die Luftlautströmungen. Diese werden mit den Sinnen wahrgenommen.

Indem man nun all diesen Beobachtungen im einzelnen nachgeht, entsteht an den beiden geschilderten Grenzen das Bild eines *übersinnlichen Menschen*, der alles, was als *Sprache* physisch-sinnlich erscheint, von innen her impulsiert. Dieser übersinnliche Mensch ist ein *Nachahmer* und ein *Gebärdenwesen*. Er ist ganz und gar innerlich durchdrungene Bewegung. Diesem übersinnlichen Menschen hat Rudolf Steiner den Namen *ätherischer Mensch, Ätherleib* oder *Bildekräfteleib* gegeben. Die bisherigen Betrachtungen machen klar, daß Johanna Zinke in Goethes Art, Wissenschaft zu betreiben, etwas vorfand, was ihren Fragestellungen gemäß war. Deshalb bekannte sie sich sehr bald zu Goethes Methoden.

Beim Anschauen der Luflautströmungen ist man auf die verschiedenen Verfahren der Sichtbarmachung angewiesen. Letzten Endes werden die Luftlautströmungen aber immer fotografisch, entweder mit einer Einzelbildkamera oder einer Lauffilmkamera (Kinokamera), fixiert. Heutzutage könnte man auch eine Videokamera benützen. Diese Möglichkeit stand Johanna Zinke noch nicht zur Verfügung. Durch die Benutzung verschiedener Verfahren erhält man sozusagen verschiedene Ansichten der Luftlautströmungen. Vergleichsweise ist es so, als würde man einen Menschen von verschiedenen Seiten betrachten. Von keiner Seite aus kann man sagen: So sieht er aus. Man erhält zum Beispiel einen ganz verschiedenen Eindruck, je nachdem, ob man den Menschen im Profil oder frontal anschaut. So ist es auch bei den Luftlautströmungen. Verschiedene Methoden der Fixierung zeigen Verschiedenes und ergänzen sich deshalb gegenseitig. Man sieht sich daher genötigt, die verschiedenen Ansichten innerlich *zusammenzuschauen*, miteinander zu *verbinden*.

Schon eine kurze Betrachtung der verschiedenen Methoden macht erkennbar, daß die Luftlautströmungen ein vielschichtiges und kompliziertes Phänomen darstellen. Sie sind von großer Schönheit. Vertieft man sich in sie, dann kann man sie nicht mehr für zufällige Spiele der Natur halten. Vielmehr geraten sie für den aufmerksamen Betrachter in die Nähe von plastischen Kunstwerken. Man fragt unwillkürlich, wie sie erschaffen werden. Durch diese Frage wird man sofort auf sich selbst zurückgeworfen, man wundert sich, man ist erstaunt. Eine erste Frage ist: *Was tut man selber, indem man Luftlautströmungen erschafft, d.h. indem man spricht?* Erlebt man diese Frage genügend stark, dann wird man aufmerksam darauf, daß sich die Sprechorgane, Zwerchfell, Lunge, Kehlkopf, Kiefer, Zunge und Lippen bewegen. Sie bewegen sich sogar dann, wenn man nur einen einzigen Vokal ausspricht; und zwar bewegen sie sich mit einer dahinterliegenden Intention, die auf den Laut zielt, den ich aussprechen will. Mit anderen Worten: Die Bewegungsgestalt der Luftlautströmung ist das Ergebnis der intentional bestimmten Bewegung der Sprechorgane. Deswegen kann man sie als Bilder der Laute, als Bild von Sprache betrachten. Die Intention geht vom Ich selber aus, es bedient sich dabei aller seelischen Qualitäten, die in ihrer Gesamtheit den Laut ausmachen. Wenn wir vom Laut sprechen, sehen wir uns also genötigt, in verschiedenen Schichten zu denken. Im naiven Verständnis ist der Laut das Hörbare, das durch die Luft an mein Ohr dringt. Das ist die unterste Wahrnehmungsschicht.

In einer weiteren Wahrnehmungsschicht bemerken wir die seelische Qualität des Lautes. Dabei haben wir zwei Möglichkeiten. Wir können unsere Aufmerksamkeit auf uns selber richten und bemerken, welche Empfindungen wir den Lauten mitgeben, die wir aussprechen. Darin waltet keine Willkür. Vielmehr wissen wir genau, daß die Empfindung, die wir ausdrükken wollen, beim Hörer auch so ankommt, wie sie gemeint war. Damit sind wir bei der zweiten Möglichkeit. Wir nehmen einen Laut hörend auf und bemerken, daß eine Empfindung in uns ausgelöst wird, die wir sogar als die wesentliche Aussage erleben, die uns durch den Laut übermittelt wird. In einer dritten Schicht achten wir auf die den Laut erschaffende Intention, den Willensimpuls, der die eigentliche Ursache, das auslösende Moment für alles, was dann folgt, ist. In dieser Schicht lebt das Ich selber wie in einem verborgenen Heiligtum. Man kann sie die Willensschicht nennen. In der Willensschicht sind alle Laute der Möglichkeit nach vorhanden. Sie müssen aber beim Sprechen jeweils neu erschaffen werden. Das Ich entscheidet, was es sagen will, sowohl inhaltlich als auch bezüglich der seelischen Färbung. Die Betonung, die Satzmelodie bestimmen über die Aussage eines Satzes wesentlich mit. Alles, was in der Willensschicht geschieht, ist zunächst verborgen. In dieser Verborgenheit konzipiert das Ich die Rede. Diese ist erst offenbar, wenn sie ausgesprochen wurde. Daher auch die Möglichkeit, daß in der Willensschicht etwas ganz anderes lebt, als was dann ausgesprochen wird. Das Letztere ist die Möglichkeit der Lüge.

Verbinden heißt nichts anderes als Zusammenschau der Einzelheiten, die in einer Analyse genau beschrieben wurden. Bezogen auf unser Thema bedeutet Verbinden das *bewußte* Zusammenschauen der verschiedenen Wahrnehmungsschichten mit den in ihnen enthaltenen Einzelwahrnehmungen. Das Schauen, Bemerken ist Sinneswahrnehmung und führt in die Einzelheit hinein. Demgegenüber suchen wir zuletzt die Vereinzelung der von den Sinnen aufgenommenen Tatbestände zu überwinden. Dabei ergreift man ein Allgemeines, z.B. den Laut A. Es mag verwundern, daß etwas so Konkretes wie ein A hier ein Allgemeines genannt wird. Dies ist relativ zu der vorhergegangenen Untersuchung zu verstehen, denn durch diese Untersuchung haben wir uns einer ideellen Sphäre angenähert, in der wir das A als Idee finden, oder bescheidener, zu finden hoffen. Denken wir uns nun, wir würden eine solche Untersuchung für alle Laute der Sprache durchführen, dann würden wir uns der Idee der Sprache selber annähern können.

Sodann wird es nötig sein, die Phänomene in eine Reihe zu bringen, sie zu ordnen. Für eine bestimmte Ordnung bedarf es eines Gesichtspunktes, sozusagen noch einmal eines besonderen Standpunktes, von dem aus man die Erscheinungen anschaut. Man erhebt sich dadurch ein Stück weit über die Erscheinungen und versucht, sie von einem besonderen Ort aus zu überschauen. Dadurch, daß man nun seinen Standpunkt bewußt verändert, gewinnt man wieder verschiedene Ansichten. Man kann dann die so von verschiedenen Orten aus gewonnenen Ansichten zusammenzuschauen versuchen und danach fragen, ob man an jene Grenze herangekommen ist, an der das Wesentliche, eben die Idee, erscheint. Hier sollen einige Beispiele für mögliche Reihen genannt werden, durch deren Betrachtung man zu einem jeweils anderen Gesichtspunkt kommt:

- die Reihe der Vokale und der Umlaute,
- die Reihe der Konsonanten,
- verschiedene Arten, einen Laut zu intonieren.

Spätestens an dieser Stelle ist zu bemerken, daß es sich beim Vollzug der Erkenntnisschritte nicht einfach um ein lineares Nacheinander handeln kann; vielmehr werden diese Erkenntnisschritte immer wieder neu durchlaufen. Man erobert sich dadurch, sozusagen in kreisender Bewegung, immer neue Erkenntnisschichten. Das Zurückkehren an den Anfang und der Rückbezug auf das Vorhergehende ermöglicht eine jeweils neue Sicht auf den erreichten Erkenntnisstand. Ordnen bedeutet also, sich die Historie des Gesamtprozesses zu vergegenwärtigen und jede Einzelheit in ihrer jeweiligen Bedeutung an die richtige Stelle zu setzen. Ordnen ist also nicht ohne Bewertung der Einzelheiten möglich. Im Grunde genommen macht es der bildende Künstler nicht anders, wenn er die Komposition eines Bildes schafft; nur ist er in der glücklichen Lage, daß er eine Ordnung erschafft, während der wissenschaftliche Mensch eine vorhandene Ordnung entdecken möchte.

Nachdem man alles durchgemacht hat, was bisher skizziert wurde, entsteht die Frage, was es denn eigentlich ist, was sich durch alle Erscheinungen, die beim Sprechen auftreten, als ein Einfaches hindurchzieht. Dies läßt sich nicht leicht erklären. Denn nun hat man zu bedenken, daß ein Sprechen, ohne daß jemand zuhört, eigentlich sinnlos ist. Da könnte eingewendet werden, daß es doch Selbstgespräche gibt, bei denen niemand zuhört. Aber das ist es ja gerade, daß ich mir selber zuhören kann! Auch das Selbstgespräch wird sinnlos, wenn ich mir nicht aufmerksam zuhöre. Es ist eine Hilfe, die Gedanken zu klären, indem man sie beim Sprechen formuliert.

Im Sprechen und im Hören haben wir zwei verschiedene Verhaltensgesten. Beide liegen sie in der inneren Sphäre des Subjektes. Im Sprechen offenbart der Mensch sein Inneres, er verobjektiviert sich. Im Hören dagegen nimmt er das nun in der Außenwelt lebende Wesen des anderen in sein eigenes Innere hinein; er verinnerlicht, versubjektiviert gleichsam, was vom anderen Menschen in der Außenwelt lebt. Dieses Verinnerlichen ist ein Nachahmen der Sprachgebärden des anderen, dem man zuhört. Erst danach kommt das Verstehen. Erst nachdem man sich vollständig auf den anderen Menschen eingelassen hat, sozusagen ganz durch Nachahmung in ihn hineingeschlüpft ist, kann man ihn verstehen. Die verstehende Begegnung findet nicht in der Sinneswelt statt; dort ist nur Schall und Rauch. Das Verstehen findet in einer über der Sinneswelt liegenden geistigen Welt statt. Das ist das Geheimnis des Verstehens. Beobachtet man, wie kleine Kinder sprechen lernen, dann bemerkt man, daß dieses Sprechenlernen ganz und gar auf Nachahmung beruht. Man kann auch sagen, daß das kleine Kind der beste Zuhörer ist, den man sich denken kann. Das Erlernen der Muttersprache hat nichts zu tun mit Zuordnung von Wort und Bedeutung. Das Gebärdenwesen des kleinen Kindes begegnet unmittelbar den Gebärdenwesen in seiner Umgebung und lernt in dieser Begegnung sprechen.

Was sich als Einfaches durch alle Erscheinungen der Sprache hindurchzieht, ist die Gebärde, die gleichsam als ein Proteus[8] in allen Erscheinungen des Sprechens lebt; sie geht als Sprachintention vom inneren Menschen aus, verobjektiviert sich im Laut, im Schall, in den *Formanten*[9] der Vokale, in den Konsonanten, in der Mimik, in der Sprachmelodie, schließlich in den äußeren Gebärden und auch in den Luftlautströmungen. Dieser Proteus der Sprache wird als Gebärde beim Hören aufgenommen und schließlich als Sprachintention vom Ich verstanden. Man kann dies auch so aussprechen: Das eigentliche geistige Wort lebt im innersten Heiligtum des Menschen. Im Sprechen wird es zum Bild und wird als Bild beim Hören aufgenommen. Zuletzt erscheint es wieder als Wort im innersten Bezirk des Hörenden, wenn er *verstanden* hat.

Johanna Zinke hat die Luftlautströmungen entdeckt und erforscht, soweit ihr das mit ihren Mitteln möglich war. Sie folgte darin einer Anregung Rudolf Steiners im Lauteurythmiekurs. In der Art, wie sie arbeitete und dachte, folgte sie Goethe. Es wurde ihr bald klar, daß man die Luftlautformen nicht isoliert betrachten kann. Deshalb weitete sie ihr Beobachtungsfeld schrittweise aus. Die Anatomie des Sprechens, akustische Fragestellungen und geisteswissenschaftliche Fragen kamen alsbald in ihr Blickfeld. Diese Fragen verhalfen ihr zu einem übergeordneten Blickpunkt. Die vorangegangenen Betrachtungen sind als ein Versuch zu verstehen, den Gedankenwegen Johanna Zinkes zu folgen und dadurch einen Hintergrund für ein Verständnis ihrer Arbeit zu eröffnen. Es ist vielleicht auch klar geworden, daß es sich bei den Luftlautströmungen nicht um eine neue bildschaffende Methode handelt, mit der man Substanzen untersucht, wie z.B. bei der Steigbildmethode oder der Kristallisationsmethode. Mit diesem Mißverständnis mußte sie sich manchmal auseinandersetzen. Das fiel ihr nicht leicht, aber sie kam zu dem Ergebnis, daß es sich bei den Luftlautströmungen nicht darum handeln kann, sie als Bilder für etwas Dahinterliegendes zu betrachten. Vielmehr wurden ihr die Luftlautströmungen in demselben Sinne «*Bild*», wie das Antlitz des Menschen «*Bild*» der Seele ist. In einem solchen Bild lebt das Wesen selber.

8 Proteus: Ein griechischer Meergott, der sich dauernd verwandelt und deshalb als der Verwandlungskünstler schlechthin gilt.

9 Formanten: Die für einen Vokal charakteristischen Schallfrequenzen, die in ihrer Gesamtheit das Schallphänomen *Vokal* ausmachen.

## Zur Arbeitsweise Johanna Zinkes

Die Arbeitsweise von Johanna Zinke läßt sich nicht ganz verstehen, wenn man nur auf das blickt, was sie an Bildmaterial hinterlassen hat. In den vorhergehenden Abschnitten wurden Betrachtungen zur Methodik angestellt, die mehr grundsätzlicher Art sind. Hier soll die Art und Weise dargestellt werden, wie sie ihr Material aufbereitet hat und wie sie es an andere Menschen heranzubringen suchte. Das ist einerseits der pädagogische Aspekt ihrer Arbeit, andererseits erhält man aber auch einen Eindruck von ihrer Denkungsart.

An der Tafel 71 «Lautverbindungen» kann man diesbezüglich einiges erkennen. Solche Demonstrationstafeln benutzte sie bei ihren Vorträgen und stellte auf ihnen Bilder unter einem bestimmten Gesichtspunkt zusammen. Auf der Tafel 71 wollte Johanna Zinke zweierlei deutlich machen: Zum einen, daß sich die Luftlautformen bei Lautverbindungen nicht einfach vermischen; dies bedeutet, daß die Formen der Einzellaute als solche deutlich zu erkennen sind. Zum anderen erscheint natürlich der Laut, der zuerst artikuliert wird, zuerst, und der, welcher zuletzt artikuliert wird, zuletzt. Diese scheinbar banale Beobachtung hat sie sehr beschäftigt, wie man an der Tafel erkennen kann. Die Zeichnungen neben den Fotos hat sie in der richtigen Reihenfolge mit den Lauten beschriftet.

Zu ihrer Arbeitsweise gehörte, daß sie viel zeichnete. Jeder, der nach der Natur gezeichnet oder gemalt hat, weiß, daß man sich dadurch reichere und tiefere Vorstellungen erwirbt. Bei zeichnerischen Darstellungen dieser Art gibt man also nicht nur eine Hilfe für andere, der Zeichner erwirbt auch etwas für die eigene Erkenntnis. Johanna Zinke wußte dies und machte das Zeichnen auch aus diesem Grunde zum Bestandteil ihres Arbeitens.

Die Beobachtung, die sie auf Tafel 71 dargestellt hatte, brachte sie auf einen zweifelsohne originellen Gedanken. Sie hatte sich nämlich die Frage vorgelegt, was wohl der Grund dafür sei, daß in manchen Kulturen nicht von links nach rechts, sondern umgekehrt von rechts nach links geschrieben wird. Zunächst dachte sie natürlich, daß dies eine bloße Konvention sei; aber Wahrnehmungen wie die auf Tafel 71 dargestellten brachten sie auf den Gedanken, daß dies etwas mit dem Sprachbewußtsein, das in einer Kultur herrscht, zu tun haben müsse. Dort, wo von rechts nach links geschrieben wird, sei man sich also der Tatsache besonders bewußt, daß man beim Lesen Sprache in sich hineinnehme; man müsse also konsequenterweise so schreiben, daß die Laute in derselben Reihenfolge wie bei den Luftlautformen erscheinen, also von rechts nach links. Umgekehrt sei bei den Völkern, die von links nach rechts schreiben, das Bewußtsein vorherrschend, daß man beim Schreiben Sprache aus sich herausgibt, also müsse man die Laute in derselben Reihenfolge schreiben, wie man sie ausspricht.

Wenn auch ein solcher Gedanke etwas Willkürliches zu haben scheint, so schärft er doch den Blick für die Stimmung, für das seelische Verhältnis, das ein Volk zu seiner Sprache hat, und kann deshalb ein Tor für ein tieferes Verständnis einer Sprache werden. Man sage nicht, daß eine solche scheinbar äußerliche Einzelheit keine Bedeutung habe. Wie man zu Sprachverständnis kommt, das ist eben ganz und gar individuell.

Auch zu der Abbildung auf Seite 64 (im Aufsatz von J. Zinke) kann man eine ähnliche Betrachtung anstellen. Die abgebildete Tafel soll anschaulich machen, wie sich die Luftlautformen in den Raum relativ zur Aufrechten des Menschen hineinstellen. Johanna Zinke schreibt dazu einmal: «Wir tragen diese Raumesrichtungen in uns und können sie durch das Sprechen im Raume um uns bilden, sichtbar in kalter Luft.» [10]. Sie versteht also in diesem Zusammenhang die Raumesrichtung als zur Sprache gehörende Gebärde, die der Mensch aus sich heraussetzt. Diese wenigen Bemerkungen mögen an dieser Stelle genügen. Sie zeigen, aus welchem Ansatz Johanna Zinke gearbeitet hat und wie sie auch Einzelheiten gewissenhaft betrachtet und gewertet hat.

## Literaturverzeichnis

[1] Rudolf Steiner, Eurythmie als sichtbare Sprache. GA 279, Dornach 1990

[2] Rudolf Steiner, Sprachgestaltung und dramatische Kunst. GA 282, Dornach 1969

[3] Rudolf Steiner, Okkulte Geschichte. GA 126, Dornach 1975, S. 51 ff.

[4] Rudolf Steiner, Heileurythmie. GA 315, Dornach 1981, S. 72 ff.

[5] Taschenbuch der Chemie. Leipzig 1977

[6] W. Häussler, Das Mollier--i--x--Diagramm. Dresden 1960

[7] Weimarer Ausgabe I, Bd. 3, S. 82. (Im folgenden mit WA abgekürzt)

[8] WA II, Bd. 11, S. 21

[9] Christoph Gögelein, Zu Goethes Begriff von Wissenschaft auf dem Wege der Methodik seiner Farbstudien. Carl Hanser Verlag München 1972

[10] Johanna F. Zinke, Luftlautformen. Sonderdruck aus «Beiträge zu einer Erweiterung der Heilkunst», Stuttgart, Sept./Okt. 1976 und Mai/Juni 1978

# Bildtafeln zur Einführung in die Luftlautformen

## Zusammengestellt von Rainer Patzlaff

## Übersicht:

# Hauch, Rauch und Schlierenbild

## Drei Verfahren, um die vom Sprachlaut erzeugte Luftform sichtbar zu machen

### Beispiel: Ein J wird gesprochen

**Hauch**

Die warme Sprechluft kondensiert in kalter Umgebungsluft ( - 4° Celsius)

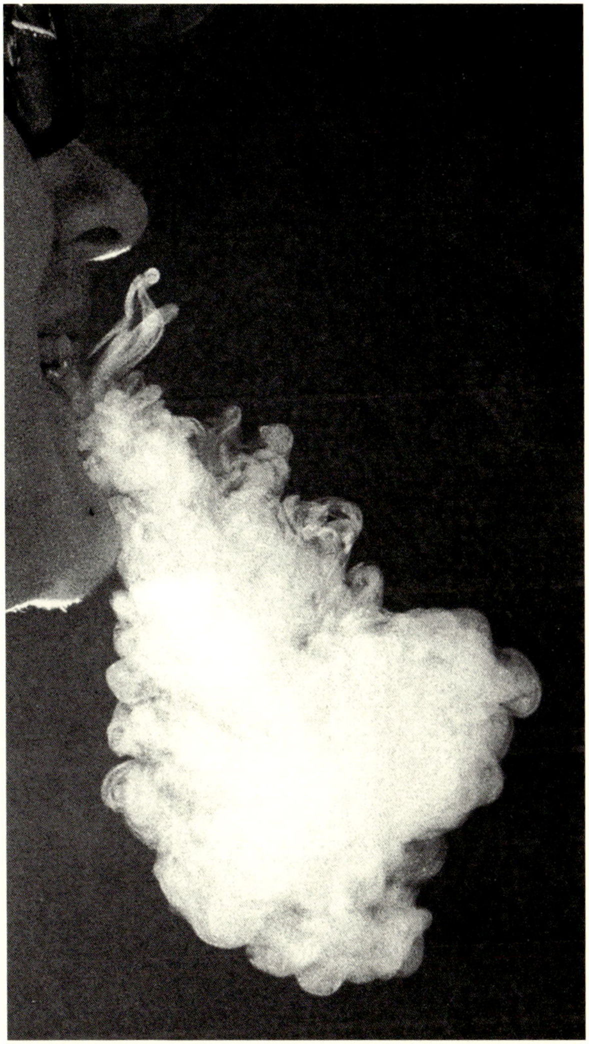

**Rauch**

Die Sprechluft ist durchsetzt von zuvor inhaliertem Zigarettenrauch

## Beispiel: Ein Zungen-R

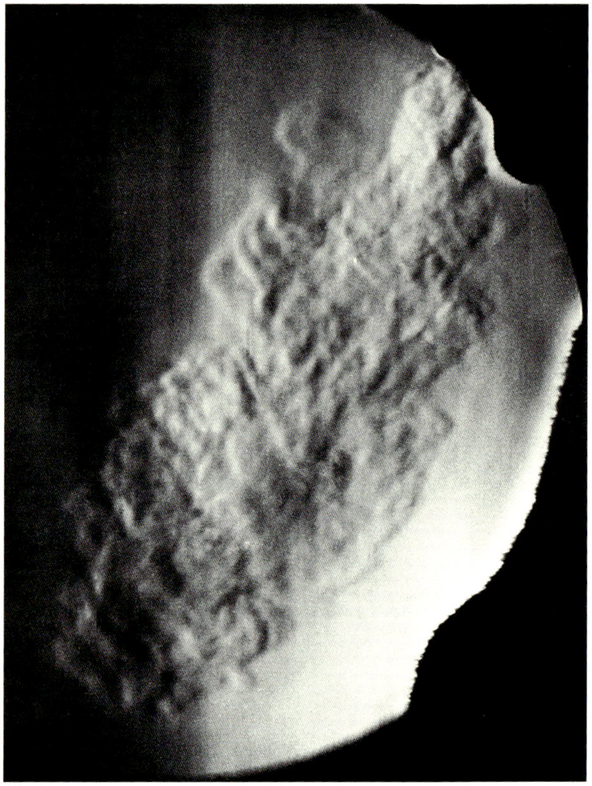

### Schlierenbild

Reine Sprechluft erzeugt in warmer Umgebungsluft Schlieren, die mit dem Toeplerschen Schlieren-Aufnahmegerät sichtbar gemacht werden können.

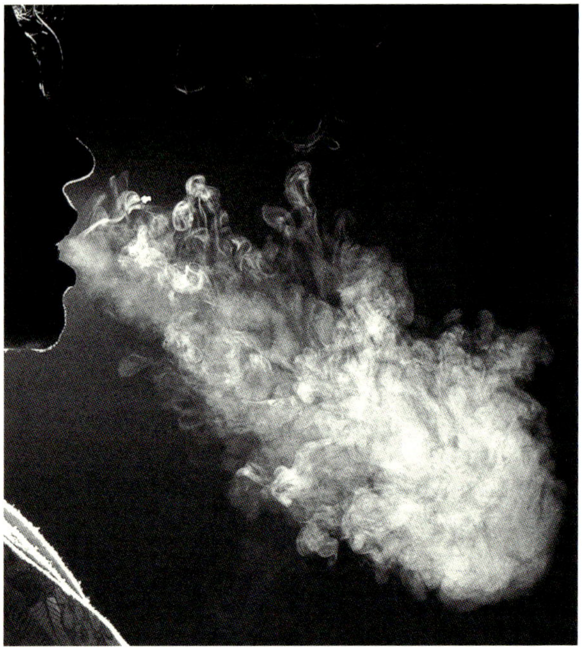

### Rauch

## Beispiel: Der Vokal A

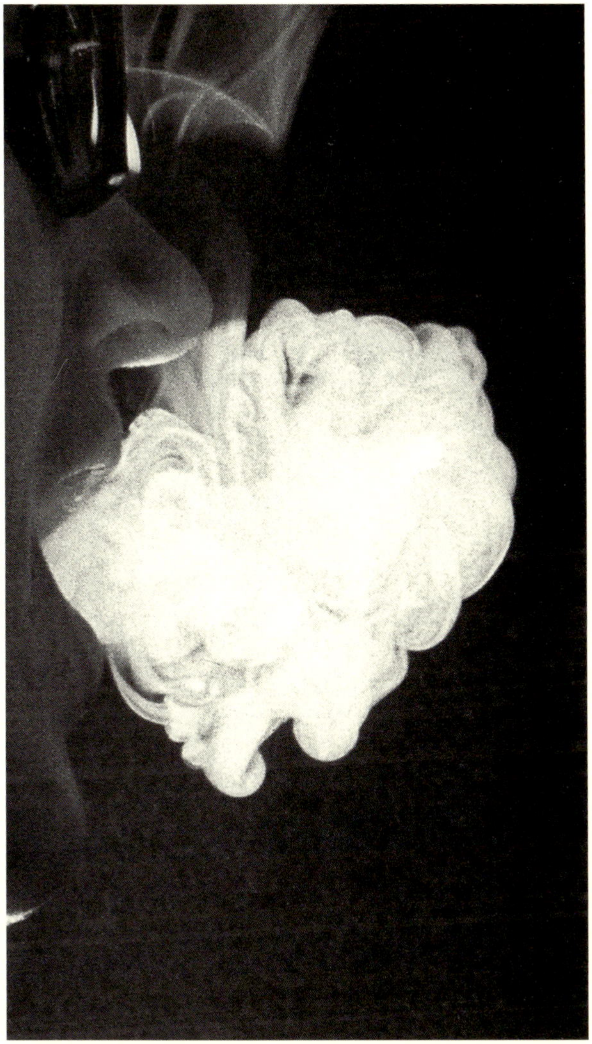

Rauch

Schlierenbild

# Der Laut als formgebende Kraft – ein Experiment

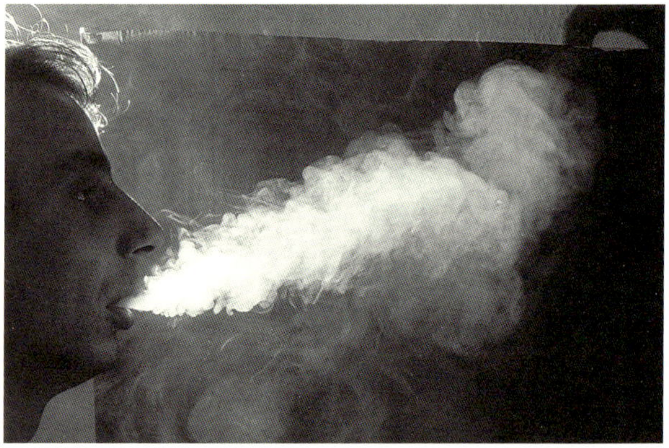

*Obere Bilder* (Rauch): Der Sprecher setzt zu einem L (links) oder E (rechts) an, bringt den Laut aber nicht zum Ertönen, sondern bläst bei fixierter Mund- und Zungenstellung die tonlose Luft heraus. Sie bleibt ohne Formkraft.

*Untere Bilder*: Erst der hörbar gesprochenen Laut gibt der Luftströmung eine bestimmte, jeweils charakteristische plastische Gestalt. Man beachte auch den Richtungswechsel der Strömungsform bei gleichbleibender Kopfhaltung des Sprechers!

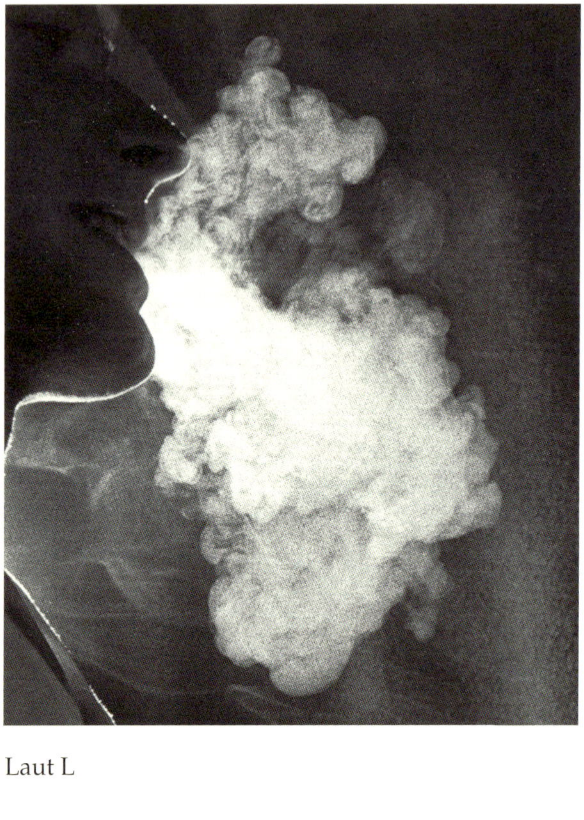

Laut L

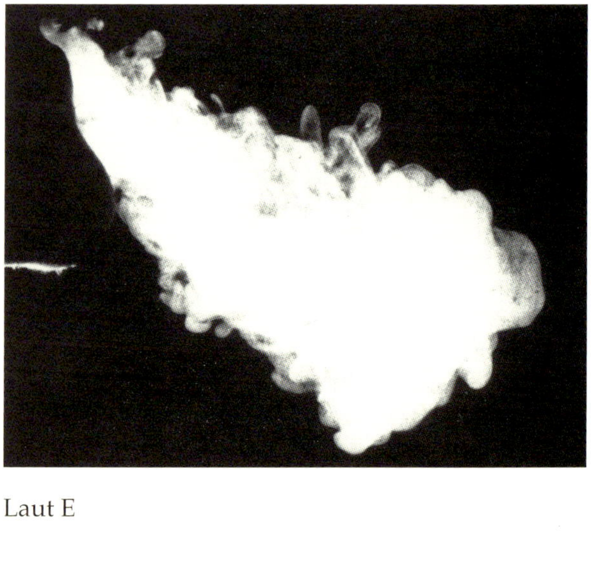

Laut E

# Formen, die entstehen und vergehen

## Luftlautformen als Strömungsprozeß

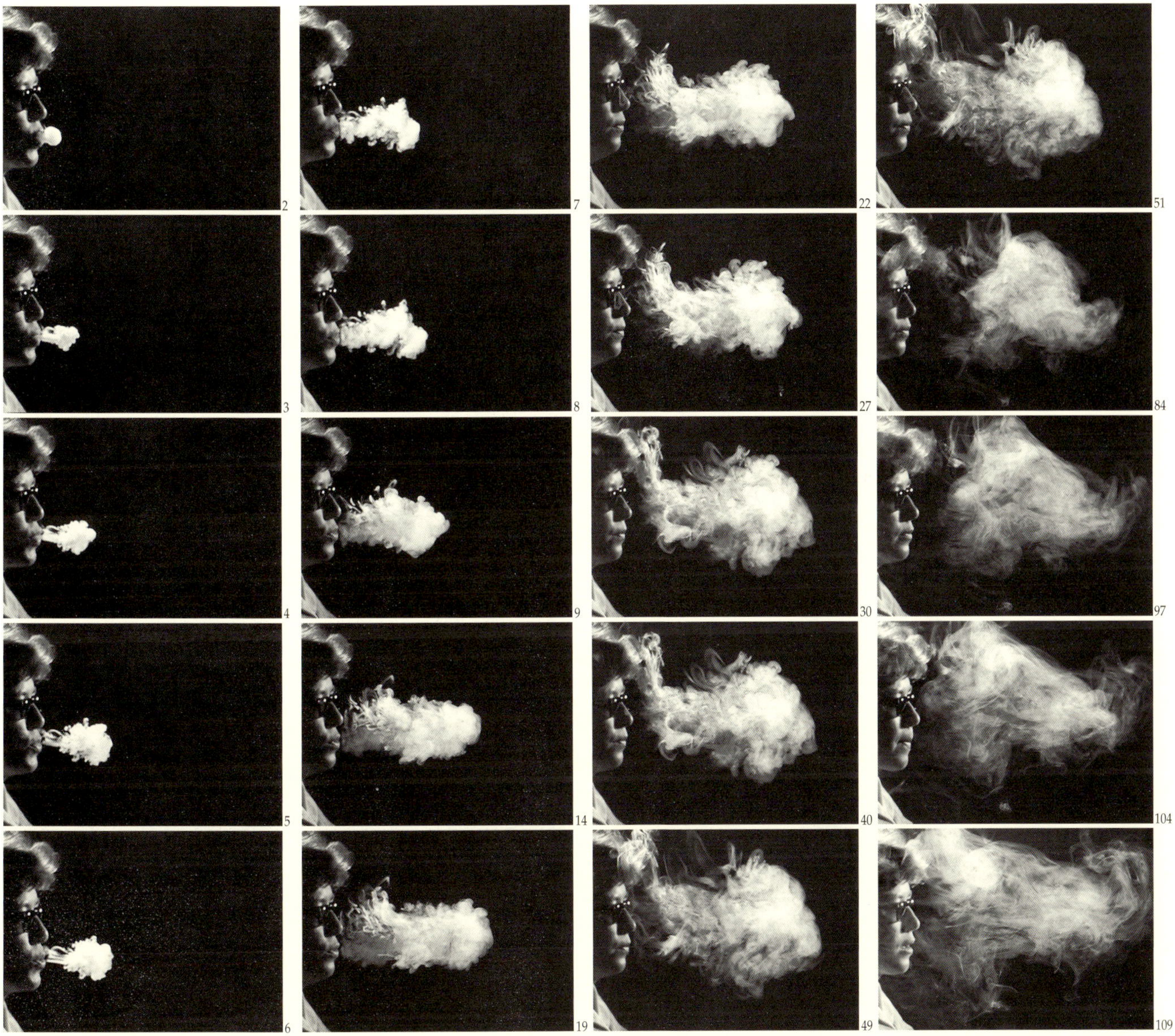


Beispiel: Der Laut Ü (Rauch), festgehalten in Filmaufnahmen (32 Bilder pro Sekunde). Rechts die Nummer des Einzelbildes in der Filmabfolge.

# Ausgestaltung und Zerfließen der Form

## Der Laut D

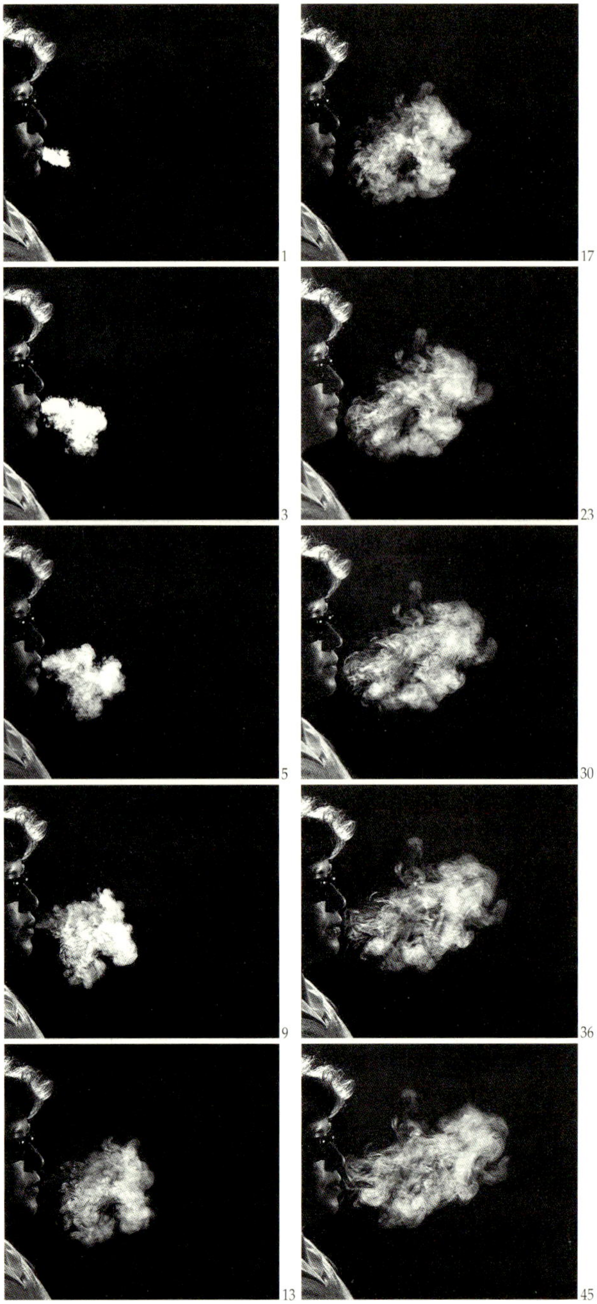

Höhepunkt

Die volle Ausgestaltung der für den Laut charakteristischen Form ist nach ca. 0,38 Sekunden erreicht (13. Bild) (Rauch)

# Der Laut W

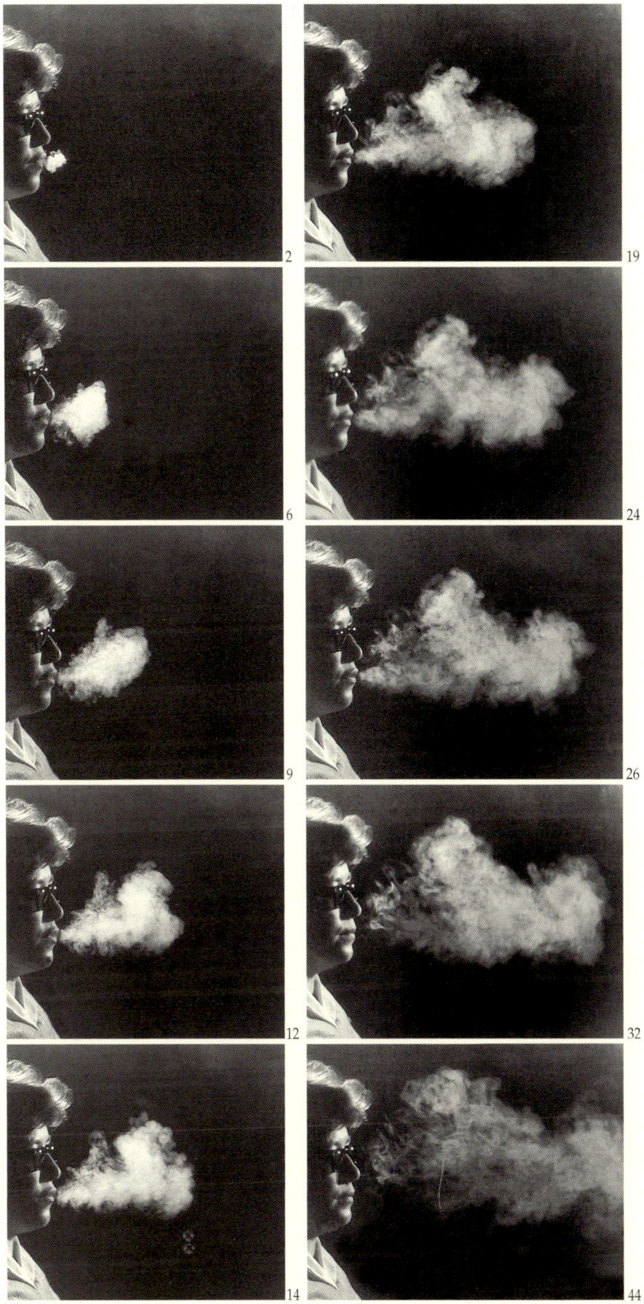

Höhepunkt

Die volle Ausgestaltung der für den Laut charakteristischen Form ist nach ca. 0,4 Sekunden erreicht (14. Bild) (Rauch)

# Unterschiedliche Geschwindigkeit und Dynamik

## Beispiel: Die Laute P und O im Vergleich

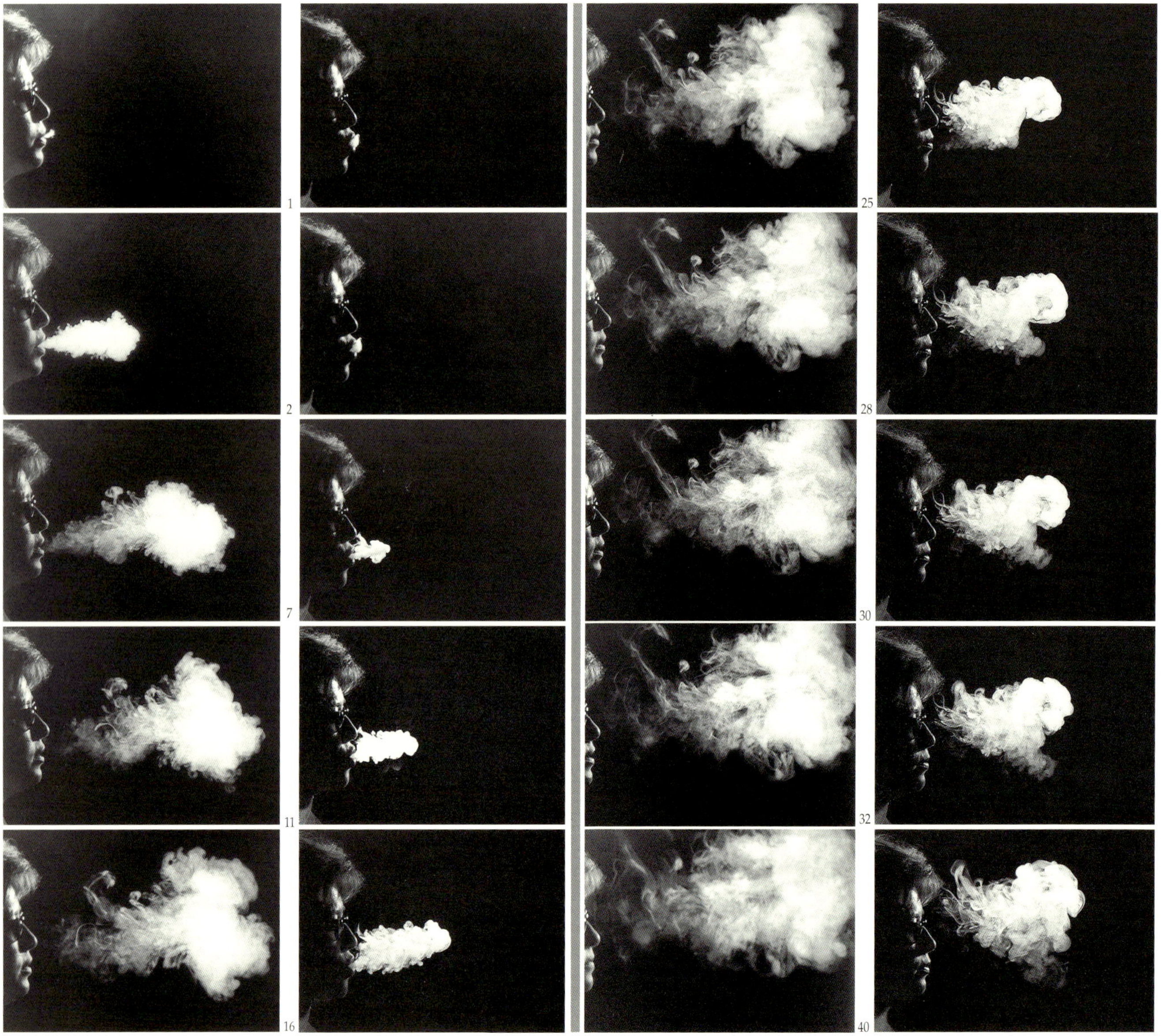


P O P O

Wiedergegeben sind stets zeitgleiche Bilder aus den beiden Filmfolgen (Rauch)

Die Luftform des Lautes P am Höhepunkt nach 0,5 Sekunden (Bild 16) (Rauch)

## Beispiel: Die Laute A und U im Vergleich

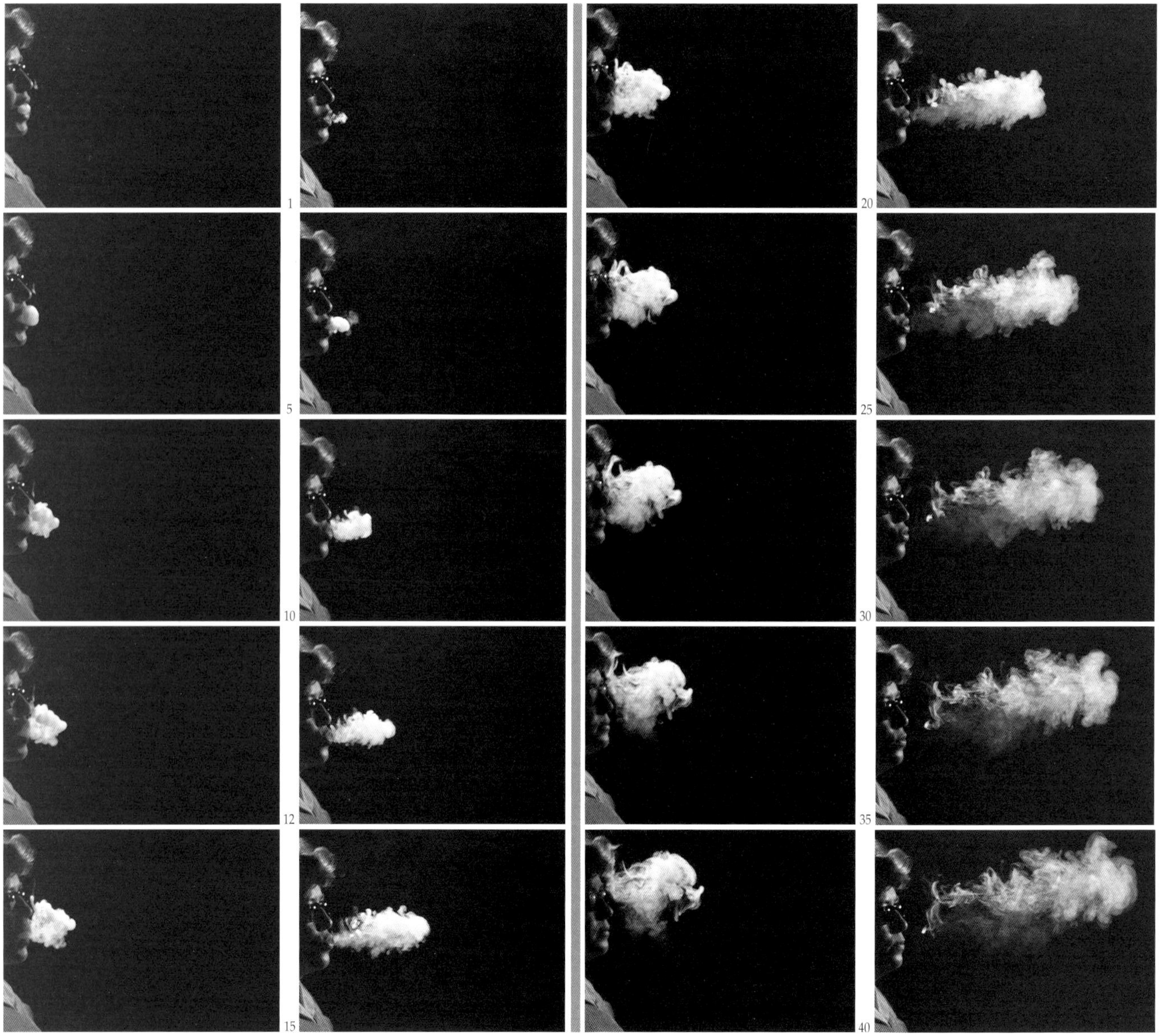


A U A U

Die Luftform des Lautes U am Höhepunkt nach knapp 1 Sekunde (30. Bild) (Rauch)

# Luftlautformen im Raum

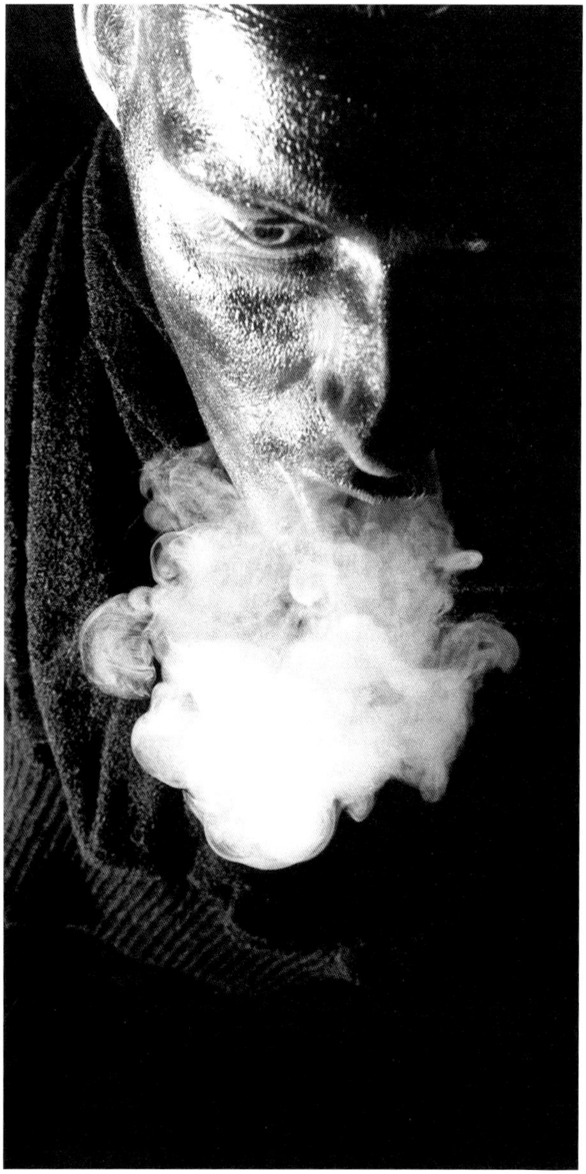

Der Vokal A von oben (Rauch)

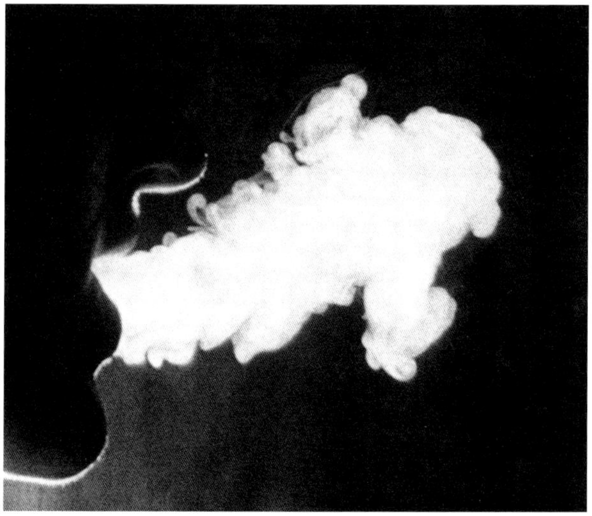

Der Diphthong EU von der Seite (Rauch)

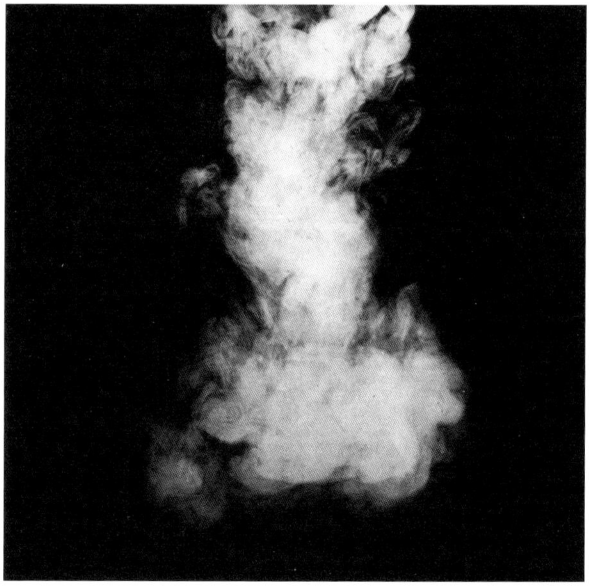

Der Diphthong EU von oben (Rauch)

# Unterschiedliche Strömungsrichtung

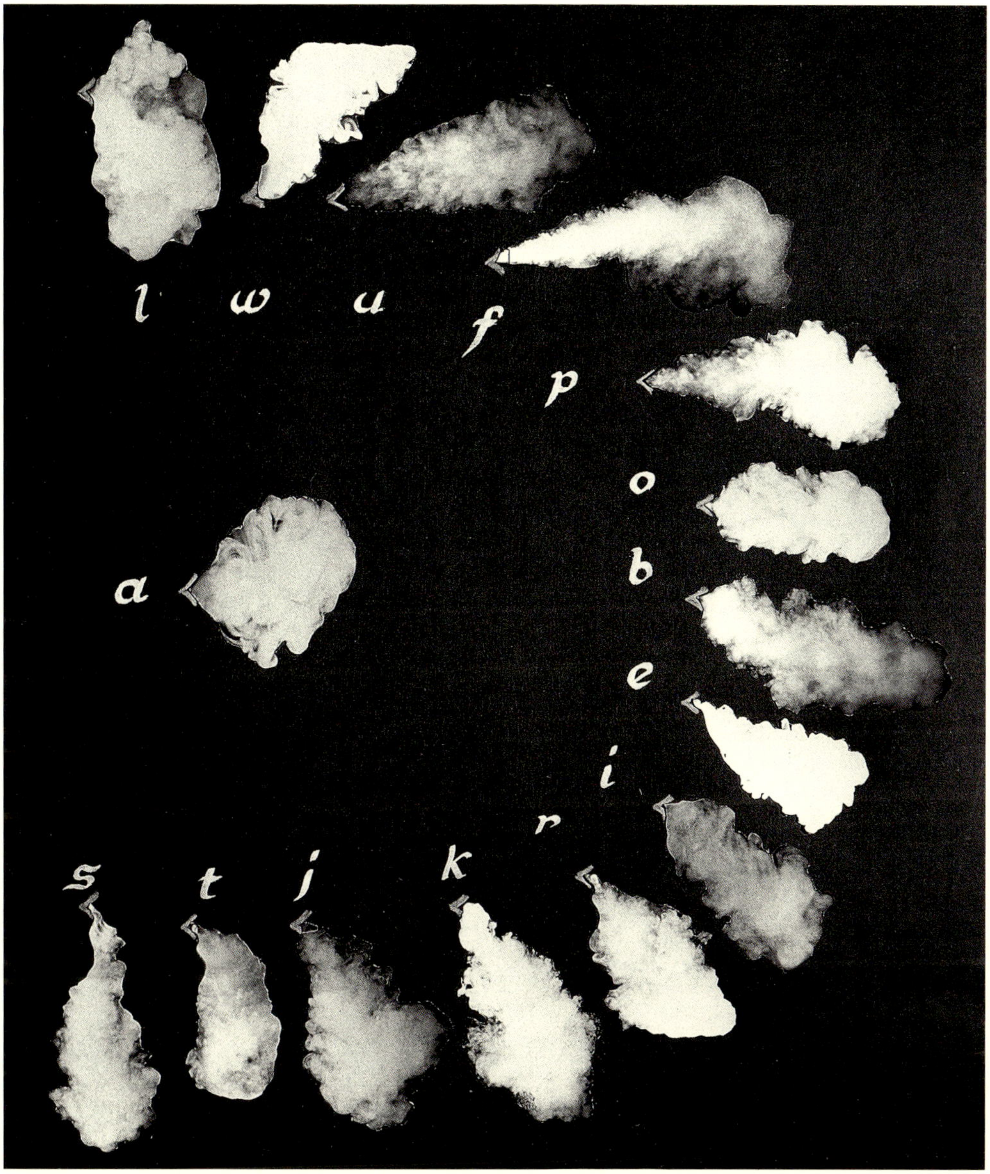


Eine Synopse von 15 Luftlautformen, gesprochen mit senkrechter Kopfhaltung, aufgenommen im Profil. Der Anfangspunkt jeder Strömungsform ist durch das Symbol eines geöffneten Mundes angedeutet. Teil einer Demonstrationstafel von Johanna Zinke.

# Reproduzierbarkeit der Luftlautformen
## Beispiel: Der Laut H, dreimal von derselben Sprecherin

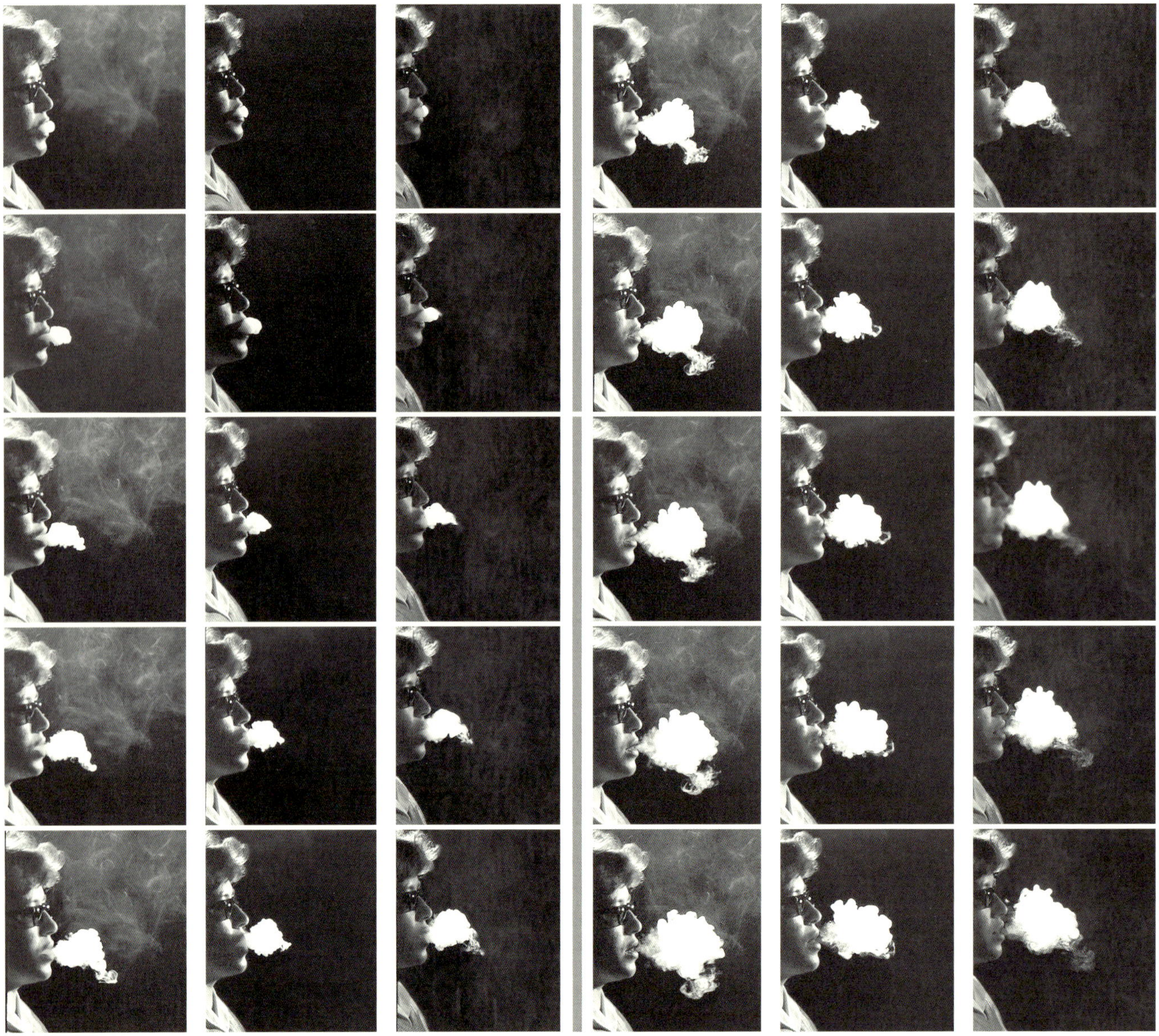

Filmaufnahmen (32 Bilder/Sek.) von drei Versionen nebeneinander dargestellt. Abgebildet sind von jeder Version die ersten 10 Aufnahmen: links Bild 1 – 5, rechts Bild 6 – 10. (Rauch)

## Beispiel: Der Laut A, gesprochen von zwölf Versuchspersonen

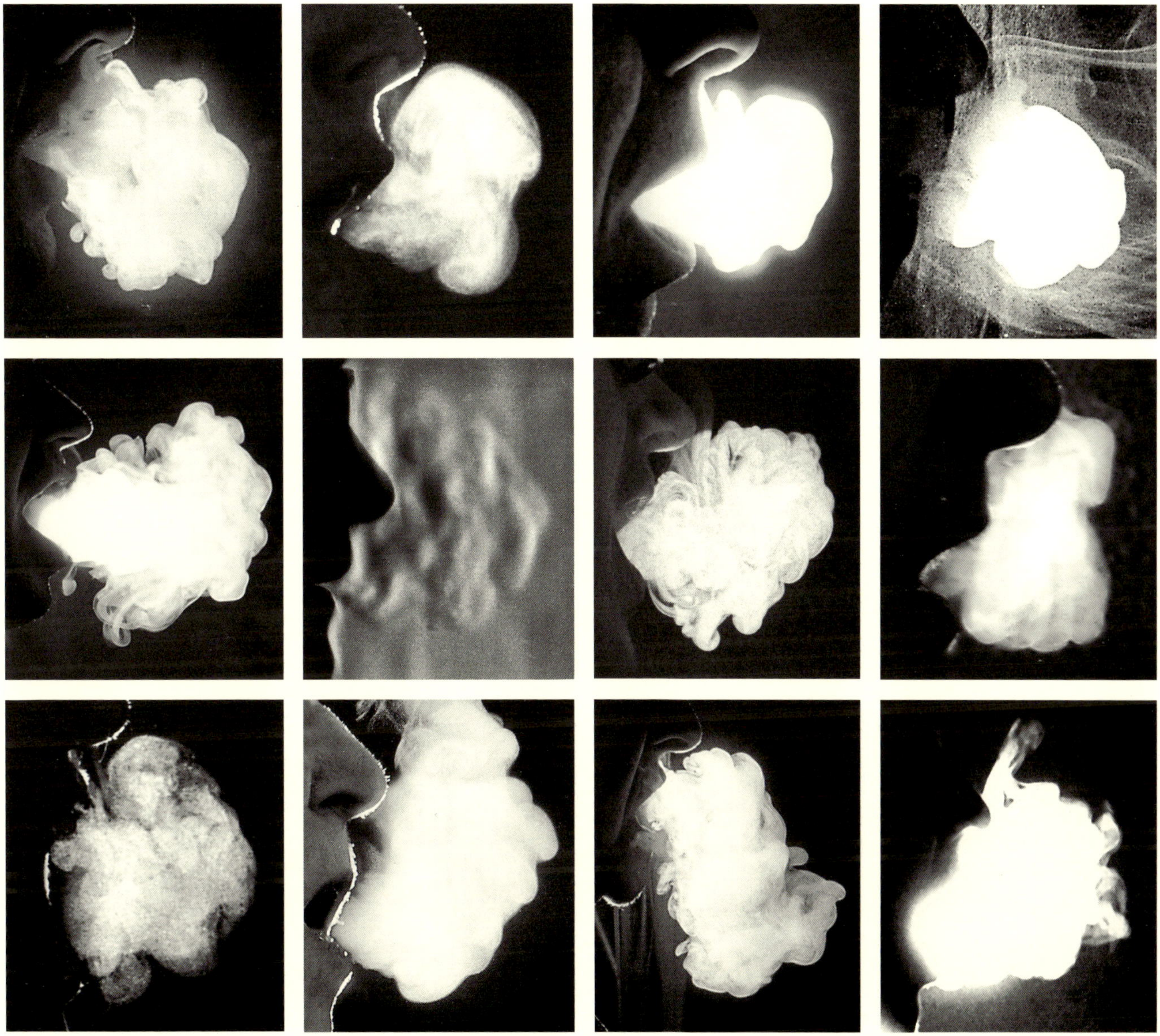

(Hauch, Rauch und Schliere).
Zur Beachtung: Die Fotos wurden nicht zum exakt gleichen Zeitpunkt gemacht, geben also unterschiedliche Entwicklungsstadien des Lautes wieder, teilweise auch verschiedene Stimmungen (vgl. Tafel 17).

# Veränderung der Luftlautform durch seelische Nuancierung

## Das Zungenspitzen-R in zwei verschiedenen Färbungen

Dramatische Sprechweise (Strömung schräg abwärts)

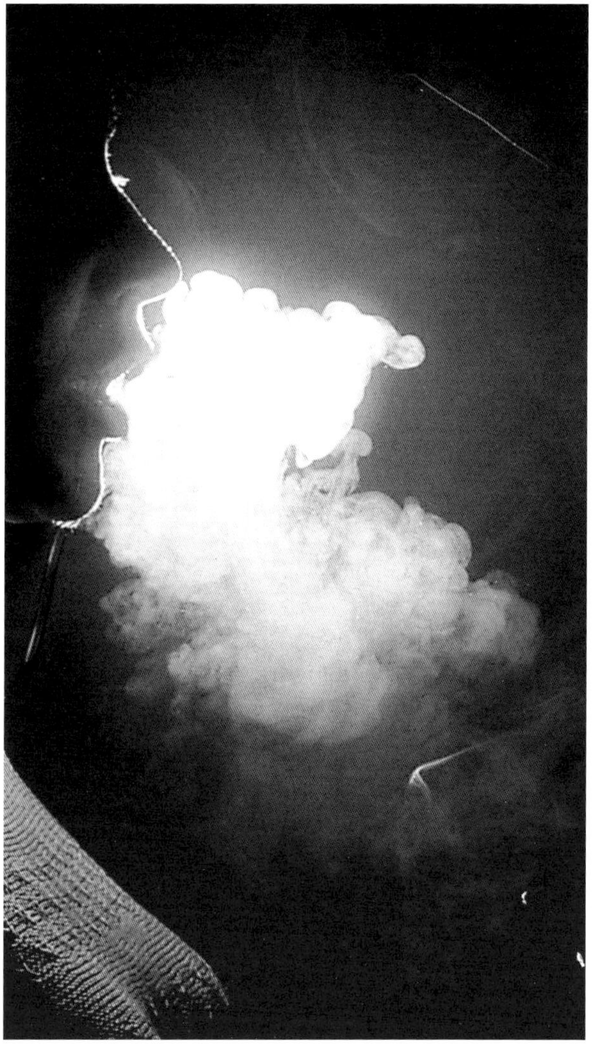

Episch-lyrische Sprechweise (Strömung mehr aufwärts)

Empfindungen und Willensrichtungen beim Sprechen beeinflussen die Gestalt und besonders auch die Strömungsrichtung der Lautformen. Beispiel hier: das Zungenspitzen-R (Rauch), von derselben Versuchsperson mit zwei verschiedenen Färbungen gesprochen.

## Der Laut A in zwei verschiedenen Stimmungen

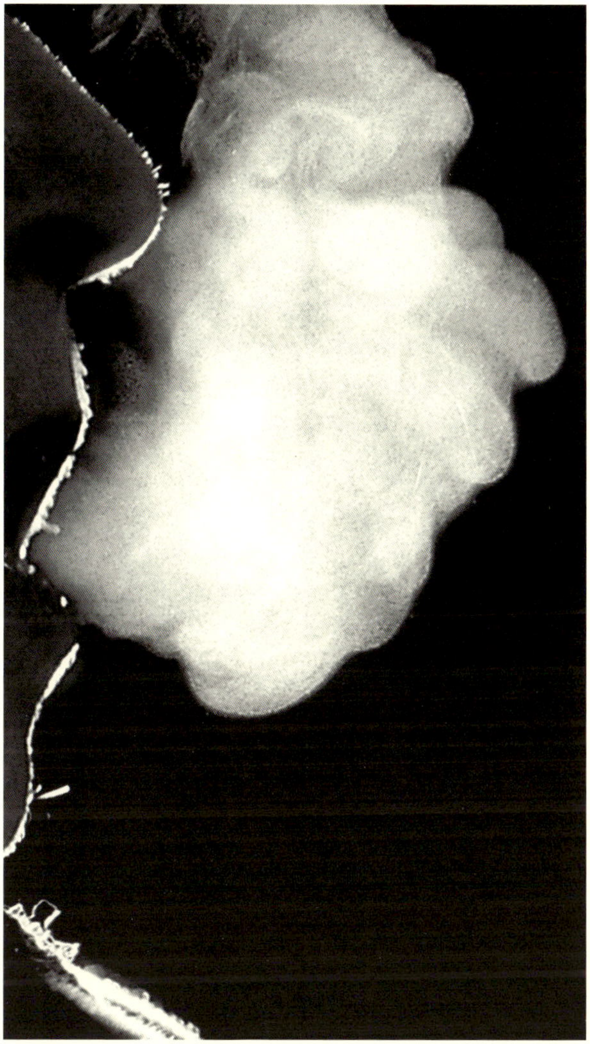

Freudig (Hauch)

Willensbetont (Rauch)

Zum Vergleich betrachte man das neutral gesprochene A auf den Tafeln 3 und 11: Es breitet sich gleichmäßig nach oben, unten und vorne aus.

## Das Gaumen-R von einer Versuchsperson mit zwei verschiedenen Färbungen gesprochen

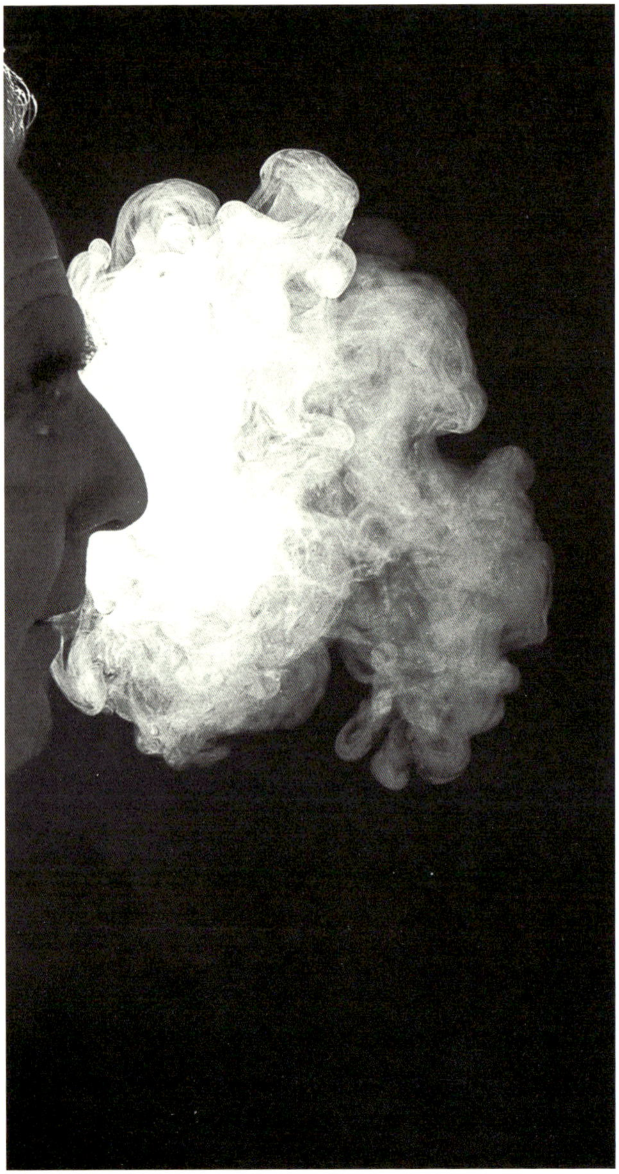

Lyrisch (Rauch)

Dramatisch (Rauch)

Johanna F. Zinke im Gespräch während einer Tagung

Peter Nantke

# Johanna F. Zinke – eine biographische Skizze

## Kindheit und Jugend

Johanna Zinke wurde am 3. Februar 1901 in Dresden in die Familie Schaberg hineingeboren, die zur Brüdergemeine gehörte. Vater Schaberg war Handelsvertreter für Tabakwaren und wohnte mit seiner Familie in Radebeul, einem kleinen Ort in der unmittelbaren Nachbarschaft Dresdens. Wie sicherlich viele Kinder in jener Zeit erlebte Johanna den unüberbrückbar großen Gegensatz, der zwischen den weltanschaulichen Auffassungen, die ihr in der Schule begegneten, und dem christlichen Glauben ihres Elternhauses klaffte. Sie war das zweite Kind der Familie. Den ein Jahr älteren, spirituell veranlagten Bruder, der sich später in seinem Leben für ein aktives Christentum als Missionar entschied, verehrte sie tief. Der ihr folgende jüngere Bruder war den modernen Zeitströmungen zugetan. Der Jüngste sorgte später als geschätzter Mitarbeiter in einem großen Industriebetrieb für regelmäßige evangelische Gottesdienste. So stand Johanna in der wichtigsten Zeit ihrer Entwicklung als Jugendliche zwischen zwei Welten; sie entschied sich zunächst für die moderne Zeit und damit für eine materialistische Weltauffassung.

## Studium und Beruf

Nach dem Ersten Weltkrieg studierte Johanna Schaberg in Dresden an der Kunstgewerbeakademie die bildenden Künste. Mit dieser Ausbildung konnte man damals mit den entsprechenden Fächern den Lehrerberuf ergreifen. Diesem Ziel wandte sich Johanna Schaberg zu. Ihre Fächer waren also der damals modern werdende Werk- und Kunstunterricht. Im Studium beschäftigte sie sich ganz besonders mit der Bildhauerei, zu der sie ein innerer Trieb hinzog. Nach Abschluß ihres Studiums heiratete Johanna Schaberg 1925 im September im Alter von 24 Jahren Erich Zinke, einen Kollegen, der eine besondere Liebe zu Malerei und Graphik besaß. In den folgenden Jahren baute das junge Ehepaar ein Haus in Freiberg/Sachsen. Dort wollten sie offenbar bleiben, aber das Leben meinte es anders; Erich Zinke bekam eine Anstellung am Pädagogischen Institut der Technischen Hochschule in Dresden, und so wurde ein Umzug nach Dresden unvermeidlich. 1929 war er bereits in Dresden. Im Jahr 1928 machten die beiden eine Kunstreise, die sie nach Spanien, in die Pyrenäen und nach Frankreich führte. Diese Reise hinterließ bei Johanna Zinke bleibende Eindrücke für das spätere Leben.

## Begegnung mit der Anthroposophie

1930 wurde in Dresden die älteste Tochter Ursula und 1934 die zweite Tochter Sonja geboren. Als Nachzügler kam 1942 noch der Sohn Peter zur Welt. Durch die Kinder wurde die berufliche Entwicklung Johanna Zinkes unterbrochen, zugleich aber auch ihr Leben und ihr Weltbild tiefgreifend verändert. Die ältere Tochter stellte ihr nämlich viele Fragen, die sie nicht beantworten konnte, und die jüngere Tochter akzeptierte den Hausarzt nicht, so daß es notwendig wurde, einen anderen Arzt zu finden. Einer Empfehlung folgend, kam Johanna Zinke zu Dr. Magerstädt, einem anthroposophischen Arzt; durch ihn begegnete sie erstmals der Anthroposophie und der Christengemeinschaft. Hier fand sie endlich Antworten auf die Fragen der älteren Tochter. 1936 wurde sie dann von Dr. Magerstädt wegen eines Herzleidens in das Sanatorium Burghalde geschickt, wo sie Dr. Eugen Kolisko kennenlernte. Diese Begegnung vertiefte schicksalsmäßig ihr Vertrauen in die Geisteswissenschaft Rudolf Steiners.

## Die Nachkriegszeit

Man hat die Generation, deren Jugendzeit in der Zeit des ersten Weltkrieges lag und deren Hauptschaffenszeit in den Jahren 1933 bis 1945 hätte liegen sollen, einmal die *verschollene Generation* genannt (Rainer Zimmermann 1980). Verschollen deswegen, weil der geistige Auftrag dieser Generation unterdrückt und vernichtet wurde. Diese Menschen standen nach der Nazizeit und den Erlebnissen des Krieges vor dem Nichts. Johanna Zinke mußte nun nach dem Krieg in Dresden ihre Familie ernähren und wurde deswegen wieder in ihrem Beruf als Lehrerin tätig, zunächst ab 1945 an der wiedereröffneten Waldorfschule, die nun auch ihre Kinder besuchten. 1949 wurde die Dresdener Waldorfschule von den Kommunisten geschlossen, und Johanna Zinke wechselte ab 1950 an die Oberschule für Mädchen Dresden-Nord und bald darauf an eine Hilfsschule, die pädagogisch im Sinne der Waldorfpädagogik geleitet wurde. Die Schließung der Waldorfschule bedeutete für das Leben der Familie einen tiefen Einschnitt. Die Tochter Sonja wollte nicht auf das gleichgeschaltete Gymnasium gehen und ging mit dem Einverständnis der Eltern über die Grenze nach Westdeutschland, um in Tübingen die Waldorfschule zu besuchen. Während des Jahres 1955 trennte sich das Ehepaar Zinke, und nun lebte Johanna Zinke mit der Tochter Ursula und dem Sohn Peter allein.

## Eine neue Lebensaufgabe

Etwa seit der Begegnung mit Dr. Magerstädt erarbeitete sich Johanna Zinke die Anthroposophie. Als sie 1961 in Rente ging, las sie den Lauteurythmiekurs Rudolf Steiners und stieß darin auf den überraschenden Hinweis, daß jeder gesprochene Laut in der Luft eine klar bestimmte Strömungsform erzeuge, die man sichtbar machen könne. Dieses Phänomen zu erforschen wurde ihr nun zur Lebensaufgabe, der sie bis zu ihrem Tode nachging. Als Lehrerin konnte sie natürlich gar nicht anders, als das, was sie bewegte, anderen Menschen mitzuteilen, und so hielt sie im Laufe der Jahre viele Vorträge und veranstaltete Ausstellungen. Mit dem reichhaltigen Material, welches sie im Laufe der Jahre gesammelt hatte, konnte sie viele Menschen interessieren und anregen.

Wenn man sich vergegenwärtigt, wie bescheiden die Mittel waren, die Johanna Zinke in der damaligen DDR für ihre Forschung zur Verfügung standen, wie sie es verstand, ihre Fragestellungen an die verschiedensten Persönlichkeiten heranzutragen, und wie sie dadurch von allen Seiten Hilfe und Förderung erhielt, so daß sie schließlich ganze Versuchsreihen mit modernstem Gerät durchführen konnte, dann kann man nur mit allergrößter Hochachtung und Bewunderung auf diese Forscherin hinschauen.

Johanna Zinke starb am 1. Juni 1990 zu Pfingsten in Siegen. Ihre Arbeit war äußerlich gesehen noch nicht abgeschlossen, aber die Erkenntnisfragen, die sie bewegt hatten, waren für sie beantwortet, und so darf man wohl sagen, daß sie mit der selbstgestellten Aufgabe fertig geworden ist. Sie erlebte am Ende ihres langen und arbeitsreichen Lebens noch den Fall der Mauer, ein sie tief bewegendes Ereignis. Sie hat mit ihrem Leben eine Epoche umspannt und verarbeitet, in der die Menschheit durch Katastrophen gehen mußte. Johanna Zinke hat diese Zeit als ihre Zeit erlebt, und so verließ sie die Sinneswelt, als sie gesehen hatte, daß sich das Geschick Europas zum Guten zu wenden schien.

Johanna F. Zinke

# Die Ausprägung der Sprache in der Luft

*Mensch rede*
*Und du offenbarst durch dich*
*Das Weltenwerden.*

*Das Weltenwerden offenbart sich*
*Durch dich, o Mensch,*
*Wenn du redest.*

*Rudolf Steiner*

## Beginn der Arbeit. Erste Versuche

Meine Entdeckungsfahrt[10] in ein unbekanntes Land begann im Herbst 1962. Damals, Ende August 1962, gab ich meinen Beruf als Kunsterzieherin auf. Einen Monat nach dem Austritt aus dem Schuldienst begann ich die Arbeit an den Luftlautformen. Ich begab mich in das Gebiet der Physik, ein Fach, das ich nie unterrichtet hatte. Ich kam mir oft vor wie ein Werkzeug, d.h. ich führte die Gedanken aus, die ich bekam. Das einzige was ich von meinem erlernten Beruf als Kunsterzieherin in das neue Gebiet herüberrettete, war das Künstlerische. Das Anschauen der Dinge nach künstlerischen Gesichtspunkten ist der Ausgangspunkt meiner Arbeit.

Im Winter 1962 wurde bei einer Temperatur von –15° C eine knittrige Plane über eine Wäscheleine gehängt. Ich stellte mich davor und sprach die Vokale im Sonnengegenlicht. Auf diese Weise wurde die ausgeatmete Luft von der Sonne durchleuchtet. Ich begann mit den Vokalen in der Reihenfolge A E I O U. Jeweils eine, zwei und drei Sekunden nach dem Aussprechen wurde ein Bild aufgenommen. Staunend standen wir dann vor den Abzügen dieser «Hauchaufnahmen».

Hier zwei Beispiele, ein A und ein E (Abbildung 1), das A rund, das E dreieckig. So zeigten sich diese Vokale auch auf den späteren Aufnahmen. Nachdem ich die Vokale im Freien mehrmals gesprochen hatte und sie in Abständen von 1–4 Sekunden nach dem Erklingen von der Seite und von vorne aufgenommen worden waren, waren die Finger des Fotografen erstarrt.

Das zweite Opfer der Wissenschaft war seine zigarettenrauchende Frau. Als der Fotograf und ich, von der Kälte durchgefroren, ins warme Zimmer kamen, saß sie da und rauchte eine Zigarette. In der warmen Stube wurde eine dunkelbraune Wolldecke am Fenstervorhang befestigt. Die Sonne strahlte schräg ins Zimmer hinein. Gemütlich im Sessel sitzend wurde eine Zigarette geraucht, d. h. etwas Zigarettenrauch eingeatmet. Er vermischt sich im Mund- und Rachenraum mit der Luft zu Rauchluft. Wieder wurde E gesprochen, und tatsächlich entstand wieder eine dreieckige Form. Der Fotograf hielt das Gebilde diesmal erst 3 Sekunden nach dem Aussprechen fest. Dadurch war die Form in die Länge gewachsen gegenüber der im Freien nach 1 Sekunde aufgenommenen.

Ich bat die Frau darum, etwas Zigarettenrauch in den Mund zu nehmen und ein A zu sprechen. Die ausgesprochene Luft wurde vom Sonnenlicht, das durch

10 Der Text des hier erstmals abgedruckten Aufsatzes von J. Zinke mußte mit Rücksicht auf die für diesen Band getroffene Bildauswahl überarbeitet werden. Inhaltliche Aussagen der Autorin sind davon nicht berührt. Außerdem wurden erläuternde Fußnoten eingefügt, wo es nötig schien.

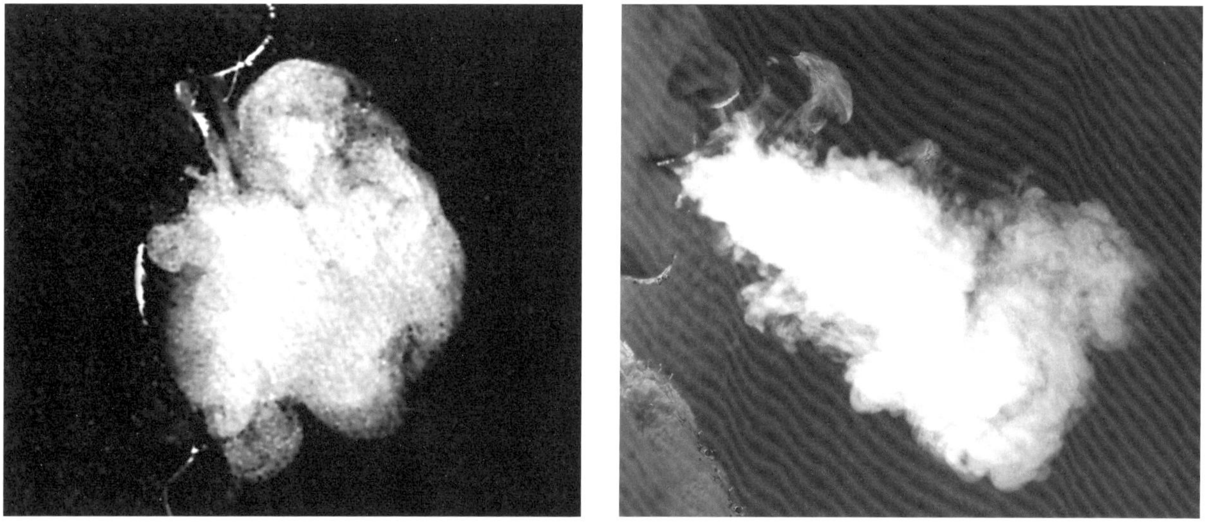

Abb. 1: Links Vokal A, rechts Vokal E, beide bei großer Kälte im Freien aufgenommen. (Hauch)

das Fenster strahlte, im Gegenlicht durchleuchtet. Nun nahmen wir wieder die Vokalreihe auf. Der Vergleich der mit Zigarettenrauch gemachten Aufnahmen mit den in der Kälte aufgenommenen «Hauchaufnahmen» zeigte die größte Ähnlichkeit. Zwar sind solche Bilder nie ganz deckungsgleich, weil sie durch lebendiges Tun bei ganz individuellen Bedingungen entstehen, aber sie lassen sich eindeutig identifizieren. Die Sprechorgane verschiedener Menschen, Lippen, Zähne, Zunge und der Kiefer mit dem Zäpfchen, sind verschieden gebaut und werden auch ein klein wenig verschieden betätigt. Daher sind auch die Luftlautströmungen selbstverständlich ein wenig verschieden. Aber der Charakter z.B. eines A oder eines E ist immer der gleiche.

Bald darauf erhielt ich vom Direktor des Dresdner Kühlbetriebes die Erlaubnis, in einem leeren Raum des großen Gebäudes Aufnahmen zu machen. Ich kaufte zwei kleine leichte Staffeleien zum Aufhängen eines dunklen Hintergrundes, und ein Blitzgerät. Seit einiger Zeit arbeitete ich mit einem Blitzgerät, um mich von der Sonne unabhängig zu machen. Für alles Nötige nähte ich aus einem alten Stoff einen langen Beutel, um alles griffbereit zu haben. Für das Sprechen der Laute verabredete ich mich mit einer Sprecherin. Neun Monate hindurch rief ich alle 14 Tage bis drei Wochen im Kühlbetrieb an – ich wollte vom Winter unabhängig werden –, doch es war nie ein Raum ganz leer. Nie zog ich mit meiner Ausrüstung unter dem Arme los, auf die ich doch so stolz war.

Der Winter kam wieder, und wieder mußte ich die Sprecherinnen bitten, in einen dicken Mantel eingehüllt, in meine – 4° C kalte Veranda zu kommen. Dort machte ich erstmalig Aufnahmen von Hauchformen durch das ganze Alphabet, fünf Filme von fünf Personen gesprochen. Ich hatte so fünf Vergleichsmöglichkeiten. Voller Spannung verglich ich die Hauchaufnahmen mit den entsprechenden Rauchaufnahmen. Sie waren kaum zu unterscheiden.

Im Jahr 1963 nahm ich 16 Filme auf von Vokalen, Konsonanten, Doppellauten (AI, AU, EU), Umlauten (Ä, Ö, Ü), Verbindungen zweier Laute, zum Beispiel

BA, RA, SO, und höchstens dreier Laute, z. B. Ruh (Tafel 62). Von jedem Laut sammelte sich inzwischen ein kleines Päckchen Fotos an. Was konnte ich damit anfangen? Was konnte ich über die Laute und ihre Abbildungen erfahren? Ich legte die Fotos nebeneinander und verglich sie. Sie gaben mir viele Rätsel auf. Ich versuchte in den Abbildungen zu lesen, aus ihnen etwas zu erfahren. Alle Lautformen versuchte ich räumlich, plastisch, dreidimensional vorzustellen und nicht flach, zweidimensional, wie sie auf den Abbildungen erscheinen. Als nächstes stellte ich mir die Formen in rascher Bewegung und in Entwicklung begriffen vor. Das ist ungeheuer wichtig. Die Aufnahmen sind mit einem Transistoren-Blitzgerät Elgatron hergestellt. Für die Belichtungszeit kommt praktisch die Zeit von 1/1000 s in Frage. Es ist die Dauer des Blitzes. Die Abbildungen sind also Ausschnitte aus der strömenden Form von 1/1000 s Dauer.

Ich versuchte die Laute in ihrer Entstehung, Entfaltung und in ihrem Verwehen zu erfassen und kam so zu einer Entwicklungsreihe. Dabei stammten die Aufnahmen aus verschiedenen Filmen und wurden von verschiedenen Personen gesprochen. Dies war die erste Möglichkeit, zu einer Entwicklungsreihe zu kommen.

Immer mehr versuchte ich in den Bildern der Luftlaute zu buchstabieren, zu lesen und Rätsel zu lösen. Jedes neue Foto bereicherte das Kapitel eines Lautes um eine neue Seite, brachte manchmal aber auch die vorhandenen Seiten teilweise erheblich durcheinander. So entdeckte ich z. B. die ei-förmige Gestalt des I kürzlich unter den Aufnahmen des X. Letztere wurden aufgenommen, bevor ich mich mit der Phonetik befaßt hatte. Der Sprecher sprach beim Fotografieren das Alphabet, also nach W das X. Wenn man genau hört, ist dieser Laut aber eine Verbindung von drei Lauten: I, K und S.

Der Sprecher sprach also «iks». Fotografiert wurde, als nur das I erklungen war, das zeigt die Mundstellung. Sie ist ein weiterer wichtiger Faktor beim Lesen dieser Formbilder. Aus der Mundstellung kann man oft wichtige Schlüsse ziehen. Manchmal wird allerdings, vor allem bei den Rauchbildern, der Mund absichtlich rasch geschlossen, damit kein Nachblasen des Rauches, der noch im Munde ist, die Form zerstört.

Wie bin ich nun im einzelnen bei der Erforschung der Luftlautformen vorgegangen? Zuerst nahm ich nur die Vokale mit verschiedenen Apparaten, Blendeneinstellungen und Belichtungszeiten auf, um das technisch Beste zu finden. Als ich begann, mit dem Blitz zu arbeiten, spielte die Belichtungszeit keine Rolle mehr, da die Einstellung der Kamera auf 1/50 s unverändert bleibt und der Blitz die Belichtung von 1/1000 s ergibt. Ich probierte verschiedene Apparate, Vorsatzlinsen und Farbfilter aus. Die Ergebnisse veränderten sich dadurch nicht.Um gute Vergleichsmöglichkeiten zu erhalten, wurden von verschiedenen Personen das Alphabet, Doppellaute, Umlaute und die gleichen Lautverbindungen auf einen Film gesprochen. Ich betrachtete die Ergebnisse bis in alle Einzelheiten. Dann wurde der nächste Film aufgenommen und die entstandenen Bilder wieder mit den Bildern des vorherigen Filmes verglichen. Ich versuchte alle Einzelheiten zu erfassen. Ich legte die Bilder in die zeitliche Reihenfolge und versuchte, die Formen ineinander übergehen zu lassen. Ich hatte Vertrauen in die Realität der Formen, die ich beobachtete. Aus diesem Grund ist es gut, daß ich mit den Aufnahmen von Einzelbildern begann und nicht mit dem Lauffilm. Ich hätte dann alle Erkenntnisse mit einem Schlage gehabt und hätte mir nicht die Entwicklung der Laute mühsam zusammenzubauen brauchen. Aber gerade dies war das Interessante und Beglückende und Dankenswerte. So blieb alles lebendiger.

## Umschau

Unmittelbar nach der Beendigung der Berufstätigkeit im Herbst 1962 fragte ich bei Paul Eugen Schiller, dem damaligen Leiter der Naturwissenschaftlichen Sektion am Goetheanum, an, ob sich schon jemand mit den Strömungserscheinungen in der Luft, die beim Sprechen auftreten, befaßt hätte und ob etwas darüber veröffentlicht sei.[11]

Ich sann darüber nach, wie ich das, was ich wollte, so ausdrücken könnte, daß mich Herr Schiller verstand. Dabei schlug ich das Buch *Eurythmie als sichtbare Sprache* von Rudolf Steiner [1] auf, und mein Blick fiel auf Seite 47 auf den Satz: «Alles dasjenige, was wir aussprechen, zeichnet in die Luft hinein eine gewisse Form, die man nur nicht sieht, die man aber durchaus als vorhanden voraussetzen muß, von der man sich sogar denken könnte, daß sie durch wissenschaftliche Mittel ohne die menschliche Zeichnung fixiert würde.»

Dieses Zitat teilte ich ihm als Erläuterung zu meiner Anfrage mit. Er hatte die Wirkung von Tönen von Musikinstrumenten, von Geigen, Flöten und anderen, sowie auch vom Sprechen der Vokale auf klangempfindliche Flammen studiert. Mein Ziel war es aber, die Luft von dem Augenblicke an, in dem sie den Mund verläßt, zu beobachten. Es handelte sich bei seinen Forschungen also um etwas anderes. Auch waren ihm zu meiner Fragestellung keine Veröffentlichungen oder unveröffentlichte Forschungen bekannt.

Auch die Untersuchungen von Dr. Jenny, Dornach, konnte ich nicht zu meiner Fragestellung in Beziehung setzen. Dr. Jenny sprach die Laute in das von ihm entwickelte Tonoskop auf eine mit Sand bestreute Membran, und es entstand zum Beispiel beim O eine runde O-Form. Ich wollte aber keine Apparate verwenden, sondern ich wollte die von Rudolf Steiner erwähnten Luftformen möglichst unmittelbar beobachten.

Während eines Besuchs bei Theodor Schwenk, dem Leiter des Instituts für Strömungswissenschaften in Herrischried, lernte ich das Toeplersche Schlierengerät kennen. Auf meine Frage, ob mir das Gerät bei der Erforschung der Luftlautformen weiterhelfen würde, bekam ich eine abschlägige Antwort.[12] Doch der Gedanke ließ mich nicht los. Ich suchte nach einer Möglichkeit, das Innere der Luftlautformen stark vergrößert aufzunehmen, und hoffte, sie im Toeplerschen Schlierengerät zu finden. An der Technischen Universität in Dresden ging ich von Institut zu Institut und fand schließlich in dem Institut für Strömungswissenschaften ein solches Gerät. Dankenswerterweise wurden mir Aufnahmen gemacht, die aber kein Ergebnis brachten. Das Gerät hatte ein Untersuchungsfeld von 80 mm Durchmesser. Dort erfuhr ich, daß es in Berlin-Adlershof im II. Physikalisch-Technischen Institut der Akademie der Wissenschaften ein Gerät mit 300 mm Durchmesser des Untersuchungsfeldes gab. Auf Anfrage bekam ich zunächst einen Termin für eine Besprechung. Da ich noch nicht wußte, welches Aufnahmematerial ich brauchen würde, und deshalb keines bei mir hatte, dort aber noch einige alte Platten existierten, wurden Probeaufnahmen gemacht. Werner Heinrich, am Institut tätig, machte zwei Aufnahmen, vom Konsonanten M und von dem Vokal I. Es ist nicht einfach, mit einem solchen Apparat gute Aufnahmen zu erzielen. Doch siehe da: Der Konsonant M und der Vokal I zeigten in warmer Luft gesprochen ohne Beimischung von Rauch und ohne Kondensation von Wassertropfen die bekannten Formen. Meine Freude war kaum vorstellbar. Ich hatte die dritte wissenschaftliche Methode gefunden, um Luftlautformen sichtbar zu machen. Dabei gab es aber

11 Es lag nahe, in der Naturwissenschaftlichen Sektion anzufragen, weil die Fragestellung sich auf eine Anregung Rudolf Steiners bezog, die zweifelsohne naturwissenschaftlichen Charakter hatte.

12 Das Gerät war im Institut für Strömungswissenschaften dauernd im Einsatz und konnte aus diesem Grund nicht zur Verfügung gestellt werden.

viele Fehlschläge, ebenso wie bei den Hauch- und Rauchaufnahmen.

Später wurde ich auf den Engländer Richard Paget [14] aufmerksam gemacht, der kleine Holzröhren gestaltet hat, die innen so geformt sind wie das menschliche Ansatzrohr, das den Mund- und Rachenraum umschließt. Beim Hindurchblasen von Luft erklingt derjenige Laut, dementsprechend das Innere einer solchen Röhre gestaltet ist.[13] Auch dies schien mir nicht mit meinem Anliegen zusammenzustimmen, es ist etwas anderes, als mein Plan vorsah.

Bei meinen späteren Begegnungen mit Professoren der Sprachwissenschaften bestätigte sich, daß die Luftströmungen, die beim Sprechen der Laute entstehen, die *«Luftlautströmungen»*, wie ich sie nannte, noch unerforscht waren. Diese Erscheinungen gibt es, seitdem die Menschen sprechen. Man hat ihnen keine Beachtung geschenkt, weil sie meistens unsichtbar sind. Nur in kalter Luft strömen sie als kleine Hauchfähnchen von einem Redner zum anderen als unscheinbare, unbeachtete Erscheinungen.

## Praktische Gesichtspunkte Aufnahmen vom Unsichtbaren

Wenn warme feuchte Luft plötzlich abgekühlt wird, kondensiert ihre Feuchtigkeit zu feinsten Wassertröpfchen. Der so entstehende Nebel bewirkt, daß die Hauchformen beim Aussprechen der Laute sichtbar werden. Wenn es nicht kalt genug ist, macht ein wenig eingeatmeter Tabakrauch die Luftlautformen als «Rauchformen» sichtbar. Hier sind es feine Ascheteilchen, die die Luft gleichsam «färben».

Aber die Luftlautströmungen ohne solche Mittel aus der Unsichtbarkeit in die Sichtbarkeit zu heben ist nur mit größerem technischem Aufwand, z.B. dem Toeplerschen Schlierengerät, möglich. Die Luftlautströmungen bestehen ja aus feucht-warmer Luft und

13 [15] Nachwort von Eugen Kolisko, S. 160

Abb. 2: Schlierengerät 300

bilden deswegen Schlieren.[14] Schlieren besitzen eine andere Dichte und Brechungszahl als die sie umgebende Luft und können deswegen mit optischen Hilfsmitteln sichtbar gemacht werden. Abbildung 2 zeigt das Schlierengerät. Zwischen den beiden Rohren steht der Sprecher. Die Fingerspitzen der ausgebreiteten Arme und Hände können gerade die Rohrenden berühren. Das vermittelt eine Vorstellung von der Größe einer solchen Apparatur.

Statt einer Toeplerschen Schlierenoptik kann man auch ein Interferometer[15] benutzen. Beim Interferometer wird das Licht zunächst in zwei Strahlengänge aufgespalten. In den Weg eines der beiden Strahlengänge bringt man die zu untersuchende Schliere. Danach werden die beiden Strahlengänge wieder vereinigt und interferieren miteinander. Das dabei entstehende Bild kann man auf einer Mattscheibe betrachten oder es fotografieren.

Bei der Betrachtung einer Luftlautform mit dem

14 Schlieren kann man z.B. von der Oberfläche eines heißen Ofens aufsteigen sehen. Die an der Oberfläche des Ofens erwärmte Luft dehnt sich aus, wodurch sich ihre Brechungszahl ändert. Die dadurch erzeugte optische Inhomogenität der Luft macht sie als «Schliere» sichtbar. Auch über heißem Straßenasphalt kann man im Sommer solche Schlieren beobachten.

15 Siehe den Beitrag «Luftlautformen sichtbar gemacht» von Peter Nantke, S. 24 f.

Toeplerschen Verfahren entsteht eine reliefartige Ansicht, die die Grenzfläche zwischen der beim Sprechen ausströmenden Luft und der Umgebungsluft zeigt. Man erhält dadurch den eigentümlichen Eindruck einer in sich abgeschlossenen Form, deren Inneres man sich erschließen muß (Tafeln 2 u. 3). Im Gegensatz hierzu erhält man bei den Hauch- und Rauchformen einen Eindruck von den Strömungsvorgängen im Innern einer solchen Form.

## Die Technik des Fotografierens

Fotografiert wird mit folgender Anordnung: Das Objektiv wird rechtwinklig von der Seite auf den Weg der entstehenden Luftlautform gerichtet. Als Hintergrund dient ein schwarzes stumpfes Tuch. Um die Form zu durchleuchten, wird im schrägen Gegenlicht der Sonne oder eines Blitzgerätes gearbeitet. Das Objektiv befindet sich im Schatten des Sprechers, um zu verhindern, daß Licht direkt von der Lichtquelle in das Objektiv fällt. Die Entfernungen sind ungefähr folgende: Objektiv – Luftlautform 70 cm, Blitzgerät – Luftlautform 60 cm, Hintergrund – Luftlautform 50 cm. Der Sprecher atmet durch einen Zug an der Zigarette etwas Rauch tief ein. Dieser mischt sich mit der Luft, die sich in der Lunge befindet, und wird in die Bewegung der Sprachorgane beim Sprechen hineingerissen und als Rauchluft zur Luftlautströmung geformt. Der Sprecher läßt sofort beim Öffnen des Mundes den vorher vereinbarten Laut erklingen. Der Fotograf löst seinen Apparat entweder sofort oder je nachdem in angemessener Zeit später aus. Von der verstrichenen Zeit zwischen dem Öffnen des Mundes und dem Auslösen des Fotoapparates hängt natürlich ab, in welcher Entwicklungsphase man die Luftlautströmung festhält.

Es ist wichtig, daß beim Öffnen des Mundes sofort ein Laut gesprochen wird, damit keine Rauchluft vorher aus dem Munde entweicht (siehe Tafel 36, unten: Rauch am Gewand, und Tafel 47, oben links: ungestalteter Rauch). Nachdem der Laut ausgesprochen ist, die Form also in der Luft strömt, wird der Mund geschlossen, damit kein Nachblasen des restlichen Atems die Form beeinträchtigt. Wenn trotz größter Vorsicht etwas Rauch aus Mund oder Nase entwichen ist, der nicht durch Sprechen gestaltet wurde, und demnach nicht zur Form des Lautes gehört, so ist dies nicht weiter schlimm, weil man ihn ohne Schwierigkeiten als nicht zur Luftlautströmung gehörig erkennt. Das Erscheinungsbild der Rauchformen hängt von der Menge des Rauches ab, den die Rauchluft enthält. Ist sie zu groß, dann entstehen kompakte, undurchsichtige Formen (Tafel 29); ist sie gering, dann heben sich die zarten Einzelformen vom dunklen Hintergrund ab. Im ersteren Fall entstehen deutliche äußere Konturen, im letzteren zeigt sich die innere Struktur. Zwischen diesen beiden Extremen gibt es einen günstigsten Erfahrungswert, den man durch Versuche ermitteln muß.

## Die Sprecher

Als Sprecher waren im Laufe der Zeit dreißig Personen tätig. Von denen, die eine Ausbildung in Sprachgestaltung durchgemacht hatten, erhielt ich ausgezeichnete, exakte Luftströmungen. Natürlich kam es auch vor, daß sie etwas Besonderes produzieren wollten und sich zu sehr engagierten. Das nahm sich dann in der Luftgestalt manchmal etwas seltsam aus. Aber auch diejenigen, die keine Sprachschulung durchgemacht hatten, brachten einwandfreie und schöne Luftlautformen hervor, wenn sie sich nur recht bemühten, klar und deutlich zu sprechen.

Tafel 16 zeigt ein Zungenspitzen-R, welches ausdrucksvoll-dramatisch gesprochen wurde. Die kräftige Form strömt schräg nach unten. Spricht man ein solches R in lyrischer Stimmung, dann entwickelt sich die Form zarter, feingliedriger, und strömt leicht schräg-aufwärts (Tafel 16). Entsprechendes gilt auch für das Gaumen-R (Tafel 18). In beiden Fällen waren die Sprecher Schauspieler.

Aussagen über Luftlautströmungen kann man nur auf die praktische Erfahrung, nicht auf theoretische Überlegungen gründen. Vermutungen muß man auf diesem Gebiet immer erst an der Erfahrung prüfen. So meinte einmal ein Sprecher, man müsse nur die Sprachwerkzeuge auf einen Laut einstellen und Luft hindurchblasen, dann müßte auch die charakteristische Luftlautform entstehen.[16] Der Versuch ergab aber für das E eine Strömung nach schräg oben, ähnlich einem Blaselaut, während ein normal gesprochenes E schräg nach unten strömt und eine charakteristische dreieckige Gestalt besitzt. Es war von dem Sprecher nicht bedacht worden, daß die Formkraft[17] bei der Gestaltung eines Lautes das Wichtigste ist und daß sie beim bloßen Blasen fehlt (siehe Tafel 4).

Im Gesamteindruck der Lautbilder, die von einer Person stammen, zeigt sich ein für diese Person charakteristisches Bild.[18] Ich habe meistens alle Laute, die von einer bestimmten Person gesprochen wurden, auf einen Film aufgenommen. Dieser wird in Stücke geschnitten und in einer transparenten Filmtasche aufbewahrt. Hält man diese gegen das Licht, kann man den allgemeinen Charakter der Formen schon recht gut erkennen. Wenn die Formen groß, kräftig und klar umrandet sind, dann stammen sie von einer seelisch und körperlich kraftvollen Person. Sind sie dagegen klein, zart und weich, so wurden sie von einer körperlich und seelisch zarten Person gesprochen. Das Sprechen verkündet etwas vom Wesen des Sprechers, und dies zeigen auch die Luftlautströmungen.

16 Man wird hier an die Pagetschen Röhren erinnert.
17 Was Johanna Zinke hier als Formkraft bezeichnet, sind die feinmotorischen Bewegungsimpulse, die für die Ausformung eines Lautes offenbar entscheidend wichtig sind. Diese feinmotorischen Bewegungen der Sprachwerkzeuge kann man bei einiger Aufmerksamkeit auch beim Sprechen an sich selber beobachten. Daß diese feinmotorischen Bewegungen für jeden Laut individuell sind und sich in der Luftlautströmung ausprägen, ist eine Entdeckung Johanna Zinkes.
18 Siehe hierzu auch weiter unten das Kapitel «Die Reproduzierbarkeit der Luftlautströmungen».

## Luftlautformen von oben aufgenommen

Von befreundeter Seite[19] wurde mir die Anregung gegeben, die Luftlautformen von oben zu fotografieren. Bis dahin war, bis auf wenige Ausnahmen, alles nur von der Seite fotografiert worden. Es wurde erwartet, daß sich dadurch die räumliche Gestalt, die Plastik der Strömungen deutlicher zeigen würde. Das Dreidimensional-Körperhafte ist für die Luftlautformen wesentlich; man muß deshalb versuchen, es sich in der inneren Vorstellung zu verdeutlichen. Aufnahmen von zwei Seiten erleichtern dies. In der Vorstellung vereinigen sich beide Ansichten zu einer Gestalt. Aber die Seitenansichten geben dazu, wie sich gezeigt hat, die wesentlicheren Merkmale als das Oben und Unten oder das Vorn und Hinten. Eigentlich sind von einer Strömung gleichzeitige Aufnahmen von der Seite und von oben erforderlich, um der gegebenen Anregung gerecht zu werden. Das ist eine sehr schwierige Aufgabe, die ich mit meinen Mitteln nicht lösen konnte. So war ich darauf angewiesen, zu vorhandenen Aufnahmen von oben dazu einigermaßen passende seitliche auszusuchen. Es handelt sich also in keinem Falle um dieselbe Luftlautströmung. Das ist natürlich ein Behelf, aber dennoch lassen sich hierdurch wichtige Einsichten gewinnen.

Aus der Fülle der Bilder seien einige Beispiele ausgewählt. Auf der Tafel 12 findet sich die Aufnahme eines von oben aufgenommenen A und eines Eu. Das A ist nach allen Richtungen rund und von großen Bukkeln begrenzt. Zum Vergleich schaue man sich auch die Bilder auf Tafel 19 (S. 91) an.

Das L auf Tafel 41 links wurde ebenfalls von oben aufgenommen. Interessant ist die Aufspaltung der Form in zwei Äste (Tafel 41 rechts). Die beiden Ä auf der Tafel 21 ähneln mit ihren Buckeln und ihrem geschlossenen Charakter dem A, sind aber gegenüber dem A mehr in die Länge gestreckt.

19 Armin Husemann

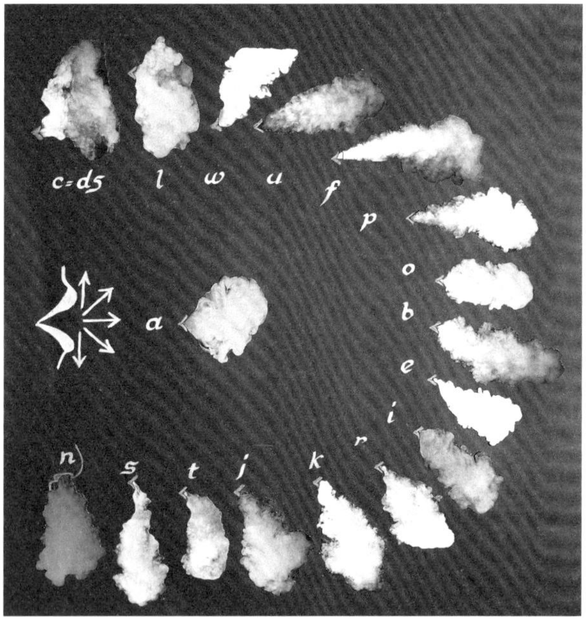


Abb. 3: Strömungsrichtungen von fünf Vokalen und zwölf Konsonanten

## Die Strömungsrichtung

Die Abbildung 3 zeigt links einen Mund. Die Pfeile davor deuten nach oben, vorn und unten. Pfeile in diesen Richtungen möchte man sich auch auf den Betrachter zu und in entgegengesetzter Richtung hinzudenken, denn die Gestalt des A dehnt sich nach allen Richtungen gleichmäßig aus. Das zeigen die Bilder auf Abbildung 3 und das von oben aufgenommene auf Tafel 12 links. Der Bogen der Laute und ihrer Formen zeigt, daß alle Richtungen von schräg oben bis schräg unten vertreten sind. Der kleine Winkel zeigt den Mund, aus dem die Strömung kommt.

Es sind die typischen Richtungen abgebildet. Davon kommen natürlich Abweichungen vor. Zum Teil sind solche Abweichungen organisch durch die individuelle Gestalt der Sprachorgane bedingt. Zeigen die Luftlautformen bei einer Versuchsperson die Tendenz, abwärts zu strömen, so steht in der Regel der Oberkiefer vor. Strömen dagegen die Formen in auffallender Weise nach oben, so steht der Unterkiefer vor. Diese Besonderheiten kann man an Luftlautformen erkennen, die im Normalfall horizontal geradeaus strömen.

Die geschilderten Besonderheiten müssen aber nicht unbedingt organisch bedingt sein, es kann sich auch um Sprechgewohnheiten handeln. Die Formung der Lippen und ihre Stellung zueinander spielt eine ähnliche Rolle. Der Kopf sollte bei allen diesen Versuchen in natürlich-senkrechter Stellung gehalten werden. Wird er gesenkt oder nach hinten gebeugt, so ändert sich die Strömungsrichtung und erschwert Vergleiche. Richtungsänderungen werden übrigens auch durch die Stellung eines Lautes im Wort beeinflußt, z.B. dann, wenn der eine Laut der Nase, der andere dem Mund entströmt.[20]

Bei dem Wort «Nora» strömt das N fast senkrecht aus der Nase, und zwar vor dem O. Dadurch wird die an sich horizontale Strömung des O nach unten abgelenkt, während die Strömung des N seinerseits nach oben gedrückt wird. Bei «Oma» dagegen hindert das horizontal strömende O den natürlichen senkrechten Weg des M, so daß dieses in die horizontale Richtung geschoben wird. Wenn der hindernde Laut abgeklungen ist, schwingt der behinderte Laut in seine natürliche Richtung zurück. Diese Verhältnisse werden durch die schematische Zeichnung in Abbildung 4 veranschaulicht.

## Einzelaufnahmen

Zunächst muß betont werden, daß Einzelaufnahmen von Luftlautströmungen etwas Unwirkliches sind, denn zeitlich bleibende Luftformen gibt es nicht. Sie sind Augenblicke aus einem zeitlichen Ablauf, der etwa ein bis zwei Sekunden andauert. Dann ist die Strömung in der Luft verweht. Genau aus diesem

20 M und N entströmen der Nase (Nasallaute), während die Vokale alle dem Mund entströmen.

Abb. 4: Beeinflussung der Strömungsrichtung durch die Stellung der Laute im Wort

Grunde benötigt man die Einzelaufnahmen. Die Luftlautströmung vergeht zu schnell für das Auge, man kann sie nicht in Ruhe betrachten. Will man die Luftlautformen genau kennenlernen, dann muß man sich also an die Momentaufnahmen halten. Ein Lauffilm dagegen zeigt den tatsächlichen Ablauf viel besser. Aus ihm kann man selbstverständlich Einzelbilder entnehmen. Die Aufnahme der Luftlautformen durch Lauffilm ist notwendig, damit man das zeitliche Geschehen kennenlernen kann.

## Aufnahmen mit Lauffilm

Einmal wurde versucht, das ganze Alphabet, einundzwanzig Laute, in einem Kühlhaus bei $-15^{0}$ C so schnell wie irgend möglich hintereinander zu sprechen und sie dabei zu filmen.[21] Die Frage, die zu diesem Versuch führte, war, ob man einen Gesamteindruck vom Organismus der Laute erhalten könne.[22] Die Formen strömen dabei in alle ihnen möglichen Richtungen. Die Buchstaben, deren Namen aus mehreren Lauten bestehen (Jot, Ku, Iks, Üpsilon) habe ich weggelassen. Wenn man sich diese Formen übereinanderliegend denkt, so erhält man eine wunderbare Strömungsgestalt. Der Äther- oder Bildekräfteleib ist ein dynamisches, nichtmaterielles Gebilde. Der enge

21 Aufnahmen mit Lauffilm ermöglichen die genaue Bestimmung des Zeitpunktes, zu dem ein Bild nach dem Aussprechen entstanden ist, und damit natürlich auch die Zuordnung von Entwicklungsphasen von verschiedenen einzeln gesprochenen Lauten. Die Berechnungsmethode ist folgende: Man zählt die Anzahl der Aufnahmen vom Beginn des Aussprechens und teilt diese Zahl durch 32 (die Bildfrequenz). Man erhält die gesuchte Zeit in Sekunden.

22 Rudolf Steiner stellt die Frage, was das für eine Form wäre, wenn wir das Alphabet so schnell sprechen würden, daß die A-Form plastisch noch da ist, wenn die Z-Form erscheint, und er antwortet: «Sehen Sie, das wäre die Form des menschlichen ätherischen Leibes. (...) Der Mensch spricht irgendein Wort. Man sieht, er versenkt sich mit seinem Bewußtsein in seinen Ätherleib. Ein Stück dieses Ätherleibes bildet er in der Luft ab. (...) Denn was ist dieser Ätherleib? Er ist dasjenige, was die Kräfte des Wachstums, die Kräfte, die in Betracht kommen, um die Ernährung zu besorgen, aber auch die Kräfte, die in Betracht kommen, um das Gedächtnis in die Wege zu leiten, was das alles enthält. Das alles teilen wir der Luftgestaltung mit, indem wir sprechen.»[1] S. 48. Freilich muß man sich klar machen, daß Rudolf Steiner an dieser Stelle den Begriff «abbilden» nicht mit fotografieren oder abmalen gleichsetzt. Dies geht aus dem Zusammenhang hervor. Es handelt sich vielmehr um Abbildung in dem Sinne, wie sich z.B. Zorn oder Freude in einem Menschengesicht «abbilden».

Zusammenhang des ätherischen Menschen mit dem Sprechen und den Luftlautströmungen, die dabei entstehen, ist ganz wunderbar und kann einen mit großem Staunen und Verehrung erfüllen.

Mit der Rauchmethode ist ein ähnlicher Versuch nicht möglich, weil man hier die Lunge zwischendurch immer wieder mit Rauch füllen muß. Dabei ist aber vorteilhaft, daß man bei normaler Zimmertemperatur arbeiten kann. Die folgenden Versuche wurden mit einer Sprecherin durchgeführt, die Dozentin für Sprecherziehung für Gehörlosenlehrer ist. Sie artikulierte in derselben Art, wie den Gehörlosen Sprechen gelehrt wird.

Es wurden die Vokale A E I O U, die Umlaute Ä Ö Ü, die Doppellaute Ai Au Eu, die Stoßlaute B P D T G K, der Hauchlaut H, die Blaselaute F W J S Sch C Z, die Nasallaute M und N, der Wellenlaut L und der Zitterlaut R, sowie Verbindungen von zwei Lauten (Tafeln 54 bis 60) und Einzelwörter (Tafeln 61 bis 66) gesprochen.

In dieser Gruppierung werden die Laute in dieser Arbeit verwendet. Die Bildfrequenz betrug 32 Bilder pro Sekunde und die Belichtungszeit 1/1450 s. Um gute Vergrößerungen zu erhalten, wurde die Normalfilmbreite von 35 mm verwendet, bei der ein Kleinbild zwei Aufnahmen enthält.

Ausgewählte Aufnahmen, die einen Fortschritt in der Formentwicklung zeigen, wurden untereinander angeordnet und jeweils zwei verschiedene Laute zu einer Metamorphosetafel vereinigt: A und U (Tafel 10) und O und P (Tafel 8). Das A auf Tafel 10 entwickelt sich recht gleichmäßig und kommt in der 15. Aufnahme zu seiner charakteristischen Gestalt, also etwa nach 0,5 Sekunden. Es verharrt dort in seiner vollen runden Form bis zur 21. Aufnahme und wird erst dann ein wenig länger. Das U dagegen besitzt etwa dieselbe Länge schon bei der 10. Aufnahme. Es ist bei der 22. Aufnahme dreimal so lang wie das A bei der 13. Aufnahme. Diese Längenausdehnung ist für das U typisch. Es besitzt außerdem eine vielgestaltige Kontur. Bemerkenswert ist, daß es sich ungefähr bis zur 8. Aufnahme langsam entwickelt und danach außerordentlich schnell fortströmt, so schnell, daß es auf der 40. Aufnahme über das Filmbild hinausschwebt. Man empfindet beim Aussprechen des U, daß man vor den Dingen der Welt davonlaufen möchte. Beim Aussprechen des A dagegen fühlt man, daß man bei sich bleibt.

Die Laute, die der Mensch erklingen läßt, bilden sich als Reaktion auf die verschiedenartigsten, lebendig aufgenommenen Eindrücke. Der Grund, warum man ein A ertönen läßt, ist eine bestimmte Seelenstimmung: das Staunen. Der Mensch öffnet sich innerlich dem, was er bestaunt. Sein Bildekräfteleib überträgt diese Stimmung auf die Sprechorgane. Sie öffnen sich ebenfalls, lockern sich, machen sich aufnahme- und ausführbereit. Da die Atmung rhythmisch fortschreitet, verbindet sich mit dem Hauch der Ausatmung ein Laut, und es kann – bei dieser Seelenhaltung und der dadurch bewirkten Stellung der Sprechorgane – nur ein A sein. Es entsteht wie von selbst. Die Bildekräfte «lenken» die Sprechorgane so, daß in der Luft Schalen entstehen, die gleichsam das Bestaunte auffangen. Es kann von allen Richtungen aus dem Weltall einströmen. Die Schalen öffnen sich nach den verschiedensten Seiten. Es ist unmöglich, sich vorzustellen, es kämen dreieckige Formen aus dem Mund, wenn ich A spreche.

Auch im O (Tafel 8) geht man aus sich heraus, wenn auch nicht ganz so stark wie beim U. Der kreisende Wirbel, der aus der Walzenform hervorströmt, hemmt das schnelle Fortströmen, welches ungefähr bis zur 20. Aufnahme vorhanden ist. Beim O und beim Stoßlaut P ist der Vergleich der ersten und zweiten Bilder interessant. Der Vokal ist im Vergleich zu seinem ersten Bilde kaum gewachsen, während bei dem Stoßlaut die Luftlautströmung vom ersten zum zweiten Bild auf 20 cm Länge herausgestoßen wurde. Er trägt also seinen Namen zu Recht. Das O dagegen entwikkelt sich nach der 2. Aufnahme gleichmäßig, das P nach diesem Sprung am Anfang schnell bis zum 10. Bild, dann tritt aber durch den Widerstand der Luft Stauung ein und dadurch Verlangsamung.

Das P bildet nicht nur eine lange Form aus, sondern es ist nach allen Richtungen kompakt, abgegrenzt. Die größte Überraschung aber hält es nach dem ersten und zweiten Bild bereit, also nach 1/32 = 0,0312 s. Während es auf dem ersten Bild 1 cm lang ist, hat es auf dem zweiten schon 20 cm erreicht[23], und dies innerhalb von etwa 0,016 s ! Als Stoßlaut platzt es hervor, nachdem sich die Lippen plötzlich geöffnet haben. Die Wörter «platzen, plötzlich, pusten» drücken die Schnelligkeit durch ihr P aus.

Die Metamorphosetafeln[24] bringen in verschiedener Hinsicht Einsichten:

- Erstens zeigt jede Reihe die Entwicklung der Strömung in Bezug auf ihre Morphologie, Richtung und Geschwindigkeit.
- Zweitens wird die Zeit einbezogen, z. B. beim Vergleich zweier Laute nach jeweils der 16. oder 32. Aufnahme.
- Drittens können Einzelaufnahmen zum Vergleich herangezogen werden.
- Viertens kann bei Lautverbindungen und Wörtern der Zeitpunkt des Erscheinens der einzelnen Laute (siehe Tafeln 54 – 66) erkannt werden und wie ein Laut bezüglich der Geschwindigkeit erscheint, ob eine Stauung vorhergeht, z. B. beim A, ob der Mund geschlossen ist und dies eine Pause verursacht, z. B. beim P.
- Fünftens kann durch Nebeneinanderkleben der jeweils ersten 10 Aufnahmen mehrmals gesprochener Laute die Wiederholbarkeit nachgewiesen werden, so z. B. beim H (siehe Tafel 14). Auf Tafel 14 sind drei verschiedene Lauffilmaufnahmen des H von derselben Sprecherin abgebildet, so daß zeitgleiche Phasen nebeneinander stehen. Man bemerkt die gleiche Art der Strömung und der Gesamtformen, sogar auch bei Kleinigkeiten, z. B. drei Buckelchen nach oben bei den Bildern 7 bis 10, die wie ein Krönchen wirken. Bis auf die ersten und zweiten Bilder, auf denen die Formen noch zu klein sind, besitzen alle einen kleinen Fortsatz, mindestens aber den Ansatz dazu.
- Sechstens muß allerdings der Betrachter den Übergang von Form zu Form vollziehen und damit eine außerordentlich wichtige geistige Tätigkeit selbst ausführen.

## Die Reproduzierbarkeit der Luftlautströmungen

Die Luftlautströmungen können reproduziert werden, und zwar nicht nur für eine einzige Person. Die große Ähnlichkeit der Luftgestalten eines Lautes bei verschiedenen Sprechern zeigen folgende Beispiele:

Tafel 14 zeigt den Laut H in drei Versionen derselben Sprecherin; es sind jeweils die ersten 10 Bilder einer Lauffilmaufnahme nebeneinander abgebildet. Wenn man sich klar macht, daß der ganze Vorgang nur 0,32 s dauert, ist die bis in Einzelheiten gehende Übereinstimmung der Formen sehr beeindruckend. Auf Tafel 15 sind 12 verschiedene Einzelaufnahmen des Vokals A, jetzt aber von 12 verschiedenen Personen stammend. Auch hier ist die Ähnlichkeit deutlich, vor allem, wenn man bedenkt, daß es bei Einzelaufnahmen nicht gelingen kann, genau dieselben Zeitpunkte miteinander zu vergleichen. Die Bilder sind also in verschiedenen Entwicklungsstadien aufgenommen worden. Dennoch kann der geübte Beobachter das A eindeutig erkennen. Hier zeigt sich übrigens besonders deutlich die Überlegenheit der Filmaufnahme.

Die mit den Tafeln 14 und 15 belegte eindeutige Reproduzierbarkeit berechtigt dazu, zu verschiedenen Zeiten und unter verschiedenen Bedingungen gesprochene Laute miteinander zu vergleichen.

23 Dieser Effekt veranlaßte Johanna Zinke, an Filmaufnahmen zu denken, weil es ihr nicht gelang, das Anfangsstadium bei den Stoßlauten mit einer Einzelbildkamera zu erfassen.

24 Unter Metamorphosetafeln verstand Johanna Zinke Demonstrationstafeln, auf denen sie die zeitliche Entwicklung eines Lautes zur Anschauung brachte, wie z.B. auf den Tafeln 6, 7, 8 und 10.

## Aufnahmen mit dem Interferometer

Ein weiterer Film[25] wurde mit dem Interferometer aufgenommen, einem Schlierengerät, das anders konstruiert ist als das Toeplersche. Es entstanden mit dem Gerät 500 bis 600 Bilder pro Sekunde. Dadurch kann der Film langsam ablaufen, und es ist eine gute Beobachtung gewährleistet.[26] Bei der Entstehung der verschiedenartigen Lautgestalten kann man ihr Wesen gut erkennen. Bei dieser Methode sieht und erlebt man das Werden und Vergehen der Luftlautströmungen von Lauten und Wörtern. Die A-Luft quillt aus dem weit geöffneten Munde und läßt das A im Strömen wachsen. Es entsteht die vierseitige Pyramide aus der E-Luft, und man sieht sie immer größer werden. Schräg nach unten ergießt sich das keulenförmige I.

Mit dem Interferometer wurden auch die Luftlautströmungen eines Ö aufgenommen. Mit einer achtfach vergrößernden Lupe sah ich dann auf einem Bild dieses Filmes eine winzige Luftperle zwischen den Lippen erscheinen (Tafel 43 rechts unten, aber bei einem R). Sie ist scharf umrandet. Auf dem nachfolgenden Bilde hat sie eine weichere Kontur und sie hat sich etwas ausgedehnt; auf dem nächsten Bild kann man sie nicht mehr als Perle bezeichnen. Man gewahrt eine größere, hellere, weich umgrenzte Luftform. Das dann folgende Bild zeigt die nächste Perle im Mundwinkel. Weiterhin erscheint sie auf jedem dritten Bild. Dieser Vorgang wiederholt sich bei diesem Versuch vierundvierzigmal über 136 Bilder. Nur einmal erscheint die Perle auf dem zweiten und fünfmal auf dem vierten Bilde, achtunddreißigmal also auf dem dritten Bilde. Diese Genauigkeit setzt voraus, daß das Erscheinen von Perle und Filmbild zeitlich genau zusammenfällt. Wenn das nicht der Fall ist, ist die Beobachtung erschwert. Zum Beispiel kann das Erscheinen der Perle nicht beobachtet werden, wenn es in den Bruchteil der Sekunde hereinfällt, der für den Wechsel von einem Bilde zum nächsten nötig ist. Das kann in den Anfang, die Mitte oder das Ende dieser Zeitspanne fallen. Das Erscheinen der Perle ist dann dreimal

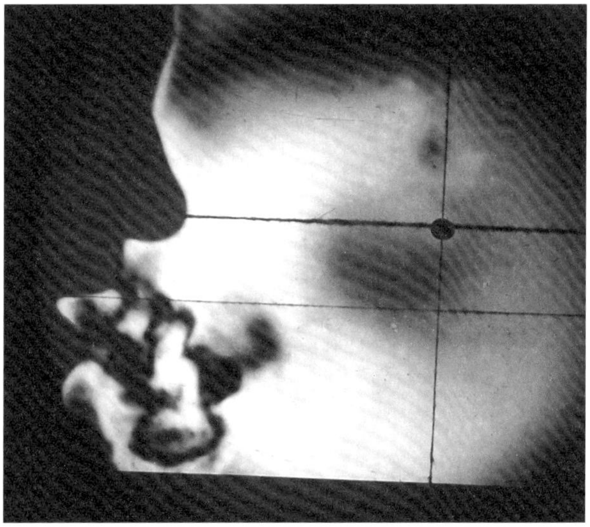

Abb. 5: Ein Ä, aufgenommen mit dem Interferometer

nicht zu sehen. Auch die Sichtbarkeit fällt an den Anfang, die Mitte oder das Ende des Belichtungszeitraumes. Aber es kann aus dem Rhythmus während der Sichtbarkeit auf die Anzahl der unsichtbaren Beginne geschlossen werden.

Bei diesem Versuch wurden 585 Bilder pro Sekunde aufgenommen. Es erschienen 195 Perlen in der Sekunde. Die Tonhöhe, in der gesprochen wurde, entsprach dem Ton g auf dem Klavier. Dieses g besitzt 194 Schwingungen pro Sekunde. Das Erscheinen einer Perle entspricht dem Beginn einer Luftschwingung. Diese dauert 1/195 s und umfaßt den zusammengezogenen Luftzustand der Perle (scharf konturiertes

25 Es handelt sich um 16 mm-Schmalfilm.

26 Man kann mit einem solchen Film die Luftlautströmung in Zeitlupe, also stark verlangsamt, betrachten.

27 Man rechne nach: 585/3 = 195. Überraschend ist die Genauigkeit, mit der der Ton, auf dem der Vokal gesprochen wurde, durch das Erscheinen der Luftperlen gemessen werden kann. Wenn man die Schallgeschwindigkeit mit 340 m/s ansetzt, ergibt sich die Wellenlänge zu 340 : 195 = 1,74 m. Daran wird klar, daß man auf die beschriebene Weise nur den Augenblick der Schallschwingung beobachtet, in dem die Luft verdichtet ist.

1. Bild) und den sich ausdehnenden auf den zwei folgenden Bildern.[27] Weil die Perle einen klaren, kreisförmigen Rand hat, der sich auf den folgenden zwei Bildern verliert, weicher, unklarer, heller wird und dann die klare Kreisform mit der nächsten Perle wieder erscheint, entsteht der *«optische»* Eindruck eines dauernden Überganges von dunkel zu hell zu dunkel, von etwas *«Wellenartigem»*. In der Perle ist die Luft verdichtet, auf den folgenden zwei Bildern verdünnt sie sich. Der rasche Wechsel der Verdichtungen und Verdünnungen läßt diesen wellenartigen Eindruck entstehen.

Das konnte vor allem bei U, Ü, Ö beobachtet werden, einem Vokal und zwei Umlauten. Der Luftstrom kann bei diesen Lauten den Mund beim Sprechen ohne Behinderung durch artikulierende Organe verlassen. So wird es möglich, daß die Wirkungen der schwingenden Stimmbänder in der Luft als Wellen gesehen werden.

Der Mund mit dem Ansatzrohr ist beim Sprechen verschiedener Laute verschieden gestaltet, je nach der Größe des Kieferwinkels und der Formung der Lippen. Dadurch bekommen die Perlen eine verschiedene Gestalt und Größe: kugelig beim Ü, ein wenig oval beim A und R, am größten beim A durch den weit geöffneten Mund, mittelgroß beim R, klein beim Ü durch die vorgestülpten Lippen, sehr klein beim T.

Auf den Filmen sieht man in den Luftperlen den zusammengepreßten und in ihrer Entwicklung den ausgedehnten Zustand der Luft, der durch die Schwingungen der Stimmlippen oder anderer Momente entstanden ist. Diese Zustände sind der äußere Ausdruck für die innere Fähigkeit des Tons, Geschwindigkeit zu haben. Wir sehen sie an der verschiedenen Anzahl der Luftperlen in der Sekunde und an der Länge des Weges, dem Raum, den sie durchlaufen haben. Der Vergleich der Anzahl der Luftperlen bedeutet zugleich den Vergleich der Tonhöhen, in denen die Laute gesprochen wurden. Die Anzahl der Luftperlen entspricht der Anzahl der Schwingungen dieses Tones.

## Schlußbetrachtung. Gesungene Laute

Die Frage, ob Gesang die Luftlautströmungen beeinflußt, führte dazu, ausgebildetete Sänger zu bitten, bei den Experimenten mitzuwirken. Es wurden Tonleitern auf den Vokalen A und O gesungen (Tafeln 67–70). Sehr überraschend war, daß in den Aufnahmen der Luftlautströmungen nichts zu finden war, was eindeutig vom Ton stammen könnte. Auf diesen Bildern ist keine Erscheinung zu sehen, die darauf deutet, daß sich der Klang vom c zum d gewandelt hat und daß dies weiterhin von Intervall zu Intervall geschieht. Der Ton ist eine zu zarte Erscheinung in der Luft, als daß er sich so einfangen ließe. Dagegen ist das Bild des Lautes, auf den gesungen wurde, in seiner charakteristischen Gestalt zu sehen. Was gegenüber den gesprochenen Lauten neu ist, sind schöne schleierartige Schwünge, die die Luftlautströmung begleiten, die aber keine rhythmischen Veränderungen zeigen, die vom Ton herrühren könnten.[28]

## Übergeordneter Zusammenhang

Die Luftlautformen verdanken ihre Entstehung einem übergeordnetem Zusammenhang. Den physischen Sprachorganen liegen lebendige Kräfte zugrunde, die sie erschaffen haben. Leben ist nicht ohne das Wäßri-

28 Die hier geschilderte Beobachtung beweist, daß Schallschwingungen und Luftlautströmungen sich völlig unabhängig voneinander ausbreiten. Auf dieser Tatsache beruht es, daß dasjenige, was an Sprache und Gesang Schall ist, durch Schwingungsapparate, die ganz anders gestaltet sind als der menschliche Sprechapparat, hervorgebracht werden kann. Ein Mikrophon reagiert nur auf den Schall, und ein Lautsprecher kann nur Schall abstrahlen, dies aber zweifelsohne in ganz anderer Art als die menschliche Stimme. Luftlautströmungen bringt ein Lautsprecher nicht hervor. Selbst die Schallstruktur eines gesprochenen Lautes ist anders als die von einem Lautsprecher abgestrahlte desselben Lautes, wie man durch oszillographische Aufzeichnung gezeigt hat.

ge möglich. Die Feuchtigkeit in der ausgesprochenen Luft und deren Kondensation in Kälte schafft die physikalischen Bedingungen für die natürliche Sichtbarkeit der Luftlautformen.

Im Augenblick des Sprechens sind mehrere Bedingungen gegenwärtig und laufen gleichzeitig ab. Die Persönlichkeit des Menschen gibt den Impuls zum Sprechen, dieser wird von dem Seelischen umkleidet, ergreift den Bildekräfteleib, der für die Lebensvorgänge verantwortlich ist, und bringt die physischen Sprachorgane in Tätigkeit. Da die Sprecher in verschiedener Art lebendig tätig sind, müssen auch die Luftströmungen verschieden sein.

Die Luftlautströmungen des A zeigen sich in drei verschiedenen Richtungen: horizontal, senkrecht nach oben und schräg abwärts. Wie kommen diese drei Richtungen zustande? Wenn beim Sprechen eines Lautes das Gedankliche überwiegend wirksam ist, so fließt die Luftströmung horizontal. Überwiegt dagegen das Empfindungsmäßige beim Sprechen, zum Beispiel in der Weise, daß der Sprecher staunt, so steigt die Strömung nach oben. Ein A, sehr willentlich gesprochen, läßt den Laut weiter draußen erklingen und hat eine schräg nach unten gehende Strömungsrichtung zur Folge (Tafeln 16 – 18).

Wir erkennen daran, daß die Empfindungen, die ein Mensch beim Sprechen hat, einen Einfluß auf die Gestaltung der Luftlautformen haben, im besonderen auf die Strömungsrichtungen. Wir können deshalb von einer Viergliedrigkeit des Menschen sprechen, der die vier Elemente zugrunde liegen. Beim Sprechen werden alle vier Bereiche wirksam: Das Ich als Zentrum der Persönlichkeit schwingt an der Grenze des Geistigen zum Physischen und bedient sich der «*Wärme*», die ebenso grenzüberschreitend tätig ist. Die Seelenregungen des Sprechenden bedienen sich der «*Luft*» als Träger des Tones und als Element des Verdichtens und Verdünnens. Das Lebendige bedient sich des Elementes der «*Feuchtigkeit*». Wir bemerken es, wenn der Wassergehalt des menschlichen Atems im Hauch kondensiert. Im Physischen wirkt die räumliche Gestalt der Sprachorgane. Das Ich gestaltet die «*Wärme*», das Seelische die «*Luft*», das Lebendige die «*Luftfeuchtigkeit*». Die sichtbare Luftlautströmung ist Ausdruck des «*ganzen sprechenden Menschen*».

## Literaturverzeichnis


[1] Rudolf Steiner, Eurythmie als sichtbare Sprache. GA 279, Dornach 1990

[2] R. Steiner, Heileurythmie. GA 315, Dornach 1981

[3] R. Steiner, Sprachgestaltung und dramatische Kunst. GA 282, Dornach 1969

[4] R. Steiner, Eurythmie, die Offenbarung der sprechenden Seele. GA 277, Dornach 1972

[5] R. Steiner, Allgemeine Menschenkunde als Grundlage der Pädagogik. GA 293, Dornach 1960

[6] R. Steiner, Das Wesen des Musikalischen. GA 283, Dornach 1989

[7] R. Steiner, Kunst im Lichte der Mysterienweisheit. GA 275, Dornach 1980

[8] R. Steiner, Mythen und Sagen, okkulte Zeichen und Symbole. GA 101, Dornach 1987

[9] R. Steiner, Kunst und Kunsterkenntnis. GA 271, Dornach 1987

[10] R. Steiner, Das Künstlerische in seiner Weltmission. GA 276, Dornach 1961

[11] R. Steiner, Erster Naturwissenschaftlicher Kurs. GA 320, Dornach 1964

[12] R. Steiner, Zweiter Naturwissenschaftlicher Kurs. GA 321, Dornach 1972

[13] R. Steiner, Die Welt der Sinne und die Welt des Geistes. GA 134, Dornach 1979

[14] Richard Paget, Human Speech. London 1930.

[15] Valborg Werbeck-Svärdström, Die Schule der Stimmenthüllung. Dornach 1975

[16] Johanna F. Zinke, Das Sichtbarmachen strömender Luftlautformen. Jahrbuch des Museums Hohenleuben-Reichenfels, Hohenleuben 1965

[17] Johanna F. Zinke, Schlierenoptische Untersuchungen an Luftlautformen. Nachrichten VEB Carl Zeiss Jena, Jena 1970
[18] Johanna F. Zinke, Sprachlaute werden sichtbar. Zeitschrift für Phonetik, Sprachwissenschaft und Kommunikationsforschung, Bd. 25, Heft 1-2, Berlin 1972
[19] Johanna F. Zinke, Versuch, in Luftlautströmungen zu lesen. Elemente der Naturwissenschaft, 1976 Heft 1, Dornach 1976
[20] Johanna F. Zinke, Die Elemente als Stufen der Entstehung der Luftlautströmungen. Elemente der Naturwissenschaft, 1978 Heft 1, Dornach 1978
[21] Johanna F. Zinke, Die schöpferische Kraft der Laute. Die Christengemeinschaft, 56. Jahrg. 1, Stuttgart 1984
[22] Johanna F. Zinke, Luftlautgestalten – sichtbar gemacht. Erziehungskunst 7/8, Stuttgart 1987
[23] Johanna F. Zinke, Luftlautformen. Sonderdruck aus «Beiträge zu einer Erweiterung der Heilkunst», Stuttgart, Sept./Okt. 1976 und Mai/Juni 1978

Armin J. Husemann

# Der Leib der Sprache

## Die Luftlautformen als Urphänomene der Sprache und der Eurythmie

### Einleitung

Sprache lebt in der Luft, die der Kehlkopf durch eine modifizierte Ausatmung in Klang verwandelt. Was die Muskelspiele des Kehlkopfs und Kehlkopfeinganges, des Rachens, der Zunge und der Lippen am harten Gaumen und an den Zähnen hervorbringen, wird dem Sprechenden vom Ohr gespiegelt, und zwar durch die innere Schall-Leitung einen kleinen Zeitmoment früher, als seinem Gesprächspartner das Wort zu Gehör kommt.

Kehlkopf und Ohr als Klangerzeuger und Klangempfänger sind die Säulen eines Tores, das den Zugang eröffnet zu der Lebenswelt der Sprache, aus der heraus die Luftlautformen Johanna Zinkes verstanden werden wollen. Denn zwischen der physischen Klangerscheinung und der emotional-intellektuellen Bedeutung der Worte liegt *Sprache als Phänomen des Lebens* verborgen. Auf die Lebensprozesse, die die Sprachlaute formen, will Rudolf Steiner hinweisen, indem er anregt, die Luftformen experimentell sichtbar zu machen, die beim Sprechen vor dem Mund entstehen [1].

Das Vorgehen wird sich in diesem Beitrag an Goethes vergleichende Methode halten, aus deren Fortentwicklung Rudolf Steiners Werk sich entfaltet hat. Sie vergleicht die Phänomene und fragt: Wie haben sie sich entwickelt? Sie gelangt dadurch zu den Lebensvorgängen als solchen in lebendigen Bildern: «Dem Organischen gegenüber ist es notwendig, einen Begriff aus dem anderen so hervorwachsen zu lassen, daß in der fortschreitenden lebendigen Begriffsverwandlung *Bilder* dessen entstehen, was in der Natur als gestaltete Wesen erscheint.»[2] Diese Bilder sind die Brücke zwischen der sichtbaren Welt des Leibes und der unsichtbaren, nur hörbaren Welt der seelischen Stimmung und des geistigen Gehaltes im gesprochenen Wort. So kann sich das Verständnis erschließen für die innerlich verborgenen Lebensbewegungen der Sprache, die sich in dem äußeren physischen Medium der Luft plastisch abbilden.

### Ohr und Kehlkopf – ihre Entwicklungsgeschichte

Bei einem Menschen, der ganz dem Lauschen hingegeben ist, sehen wir oft, daß sein Mund leicht geöffnet ist. Das Gelenkköpfchen des Unterkiefers ist dabei nach vorn gewandert, wovon wir uns leicht überzeugen können, wenn wir den kleinen Finger in den Gehörgang einführen und den Mund öffnen. Wir bemerken, daß der Gehörgang sich dabei etwas nach vorn erweitert. Bedenken wir die Größenordnungen jener feinsten Bewegungen, die im Innenohr stattfinden – die Auslenkung der Hörhärchen im Cortischen Organ der Innenohrschnecke liegt im Bereich von 0,3 bis 5 nm (1 nm = $10^{-9}$ m = 0,000001 mm) –, dann liegt nahe, daß diese auf den ersten Blick unscheinbare Erweiterung des Gehörganges beim Lauschen durchaus die Hörleistung steigern kann. (Möglicherweise gewährt auch die Öffnung des Mundes als solche eine verbesserte Schall-Leitung.) Wir erweitern also die Ohren mittels des Mundes. Das Kiefergelenk wird zum «Hörgelenk». Dieser Funktionswandel des Kiefergelenks im Lauschen weist auf die Entwicklung der Gehörknöchelchen hin.

Das Gelenk zwischen den beiden Gehörknöchelchen Hammer und Amboß geht evolutiv aus dem Kiefergelenk der Amphibien und Reptilien hervor [3]. Das Kiefergelenk, der Stoffwechseltätigkeit und Lautbildung verbunden, wandert also in die Sinnesorganisation des Ohres hinein.

Gisbert Husemann hat darauf hingewiesen, daß das Bewegungsprinzip der Gliedmaßen – die radiale Winkelauslenkung um ein Bewegungszentrum im Gelenk – sich mikroskopisch verkleinert in der Sinnestätigkeit der Hörzellen wiederfindet [4]. Ihr Funktionsprinzip ist ein Härchen, das in das schalltragende Medium hineinragt und vom Schalldruck ausgelenkt wird. Im Cortischen Organ des Innenohres, wo die Hörhärchen von der Welle der Innenohrflüssigkeit bewegt werden, ist dieses Prinzip in höchster Potenz gesteigert. Es begegnet uns aber bereits in den allerersten Ohren, die bei den Wirbeltieren auftauchen, in gleicher Weise [5], ja noch früher: in den statischen (Gleichgewichts-) Organen aller ohrlosen Tiere bis zu Krebs und Qualle. Schliesslich arbeiten sogar die Sensillen der Insekten nach dem gleichen Prinzip. Es sind Härchen, die einfach in die umgebende Luft ragen und hier neben der Luftgeschwindigkeit (Eigenbewegungs-Sinn beim Fliegen, Windgeschwindigkeit und Windrichtung) auch schon Tonfrequenzen von Artgenossen wahrnehmen. (Diese werden hier vom Flugapparat erzeugt.) Hier kann von einer *inneren Stimmbildung* im Sinne des Kehlkopfes noch keine Rede sein. Das physische Prinzip der Sinneszellen des Innenohres ist also eines der ältesten, vielleicht das älteste Sinnesprinzip der tierischen Evolution überhaupt.

Dagegen tritt das Stimmbildeprinzip des *Kehlkopfes* als einfachst gebaute «Stimmlade» erst bei den Froschlurchen, also erst mit dem Schritt der Wirbeltiere vom Wasser aufs Land, in Erscheinung. Das Ohr eines Froschlurches mit seiner uralten Entwicklung steht dem Ohr des Menschen schon wesentlich näher als seine Stimmlade dem menschlichen Kehlkopf. Während das Ohr vom Frosch zum Menschen nur noch eine Differenzierung des bereits viel früher errungenen Sinnesorganprinzips durchmacht, wird der Kehlkopf vom Frosch zum Menschen mehrfach umgebaut und ist erst beim Säugetier – also am Höhepunkt der tierischen Entwicklung überhaupt – in seinem Grundaufbau entwickelt: Ringknorpel, Stellknorpel, Schildknorpel mit den entsprechenden Muskeln [6].

Dieses zeitliche Verhältnis zwischen Ohrentwicklung und Kehlkopfentwicklung, ihre Heterochronie wiederholt sich auch in der individuellen Entwicklung des Menschen. Das ungeborene Kind reagiert schon auf Musik, während sein Kehlkopf noch funktionslos ist. *Bei der Geburt sind Innenohr und Mittelohr vermutlich als einziges Organ des Menschen bereits ausgewachsen, haben also schon dieselbe Größe wie beim Erwachsenen.* Der Schneckengang im Innenohr hat sogar bereits im vierten Embryonalmonat seine endgültige Länge von drei cm erreicht! [7]

Lediglich das äußere Ohr wächst noch nach der Geburt. Der Kehlkopf hingegen muß zunächst überhaupt den Ort seiner Funktion aufsuchen. Er wandert während der Kindheit aus der Höhe der inneren Nasenöffnung bis in den Bereich des fünften Halswirbelkörpers, wo er zur Zeit der Pubertät angelangt ist und verbleibt [8]. Die zahlreichen inneren Organe, die aus einer kopfnahen Lage hinabsteigen, tun dies alle *vor* der Geburt. Der Kehlkopf als «Spätling» tut dies erst nach der Geburt bis zur Pubertät hin. Er wächst in der Pubertät noch beträchtlich, so daß sich die Länge der Stimmbänder beim Knaben verdoppelt und der Klang deshalb um eine Oktav tiefer sinkt (beim Mädchen wird die Stimme etwa um eine kleine oder große Terz dunkler).

Die allmähliche Verknöcherung des ursprünglich knorpeligen Kehlkopfskeletts dauert das ganze Leben

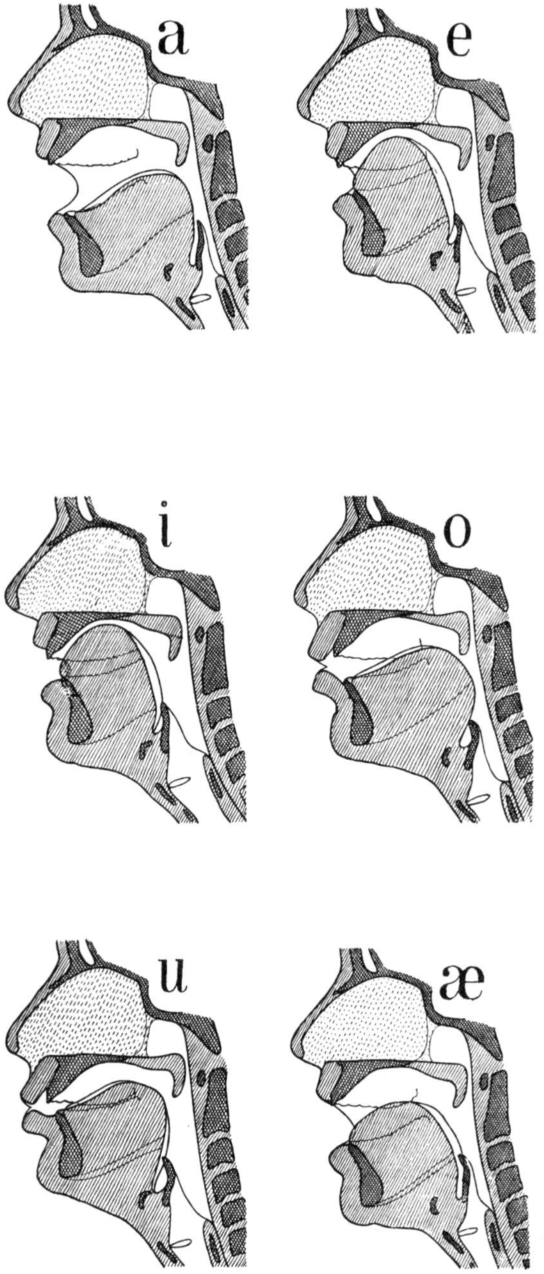


*Abbildung 1:* Vokale im Röntgenbild
(aus: J. Forchhammer [12] )

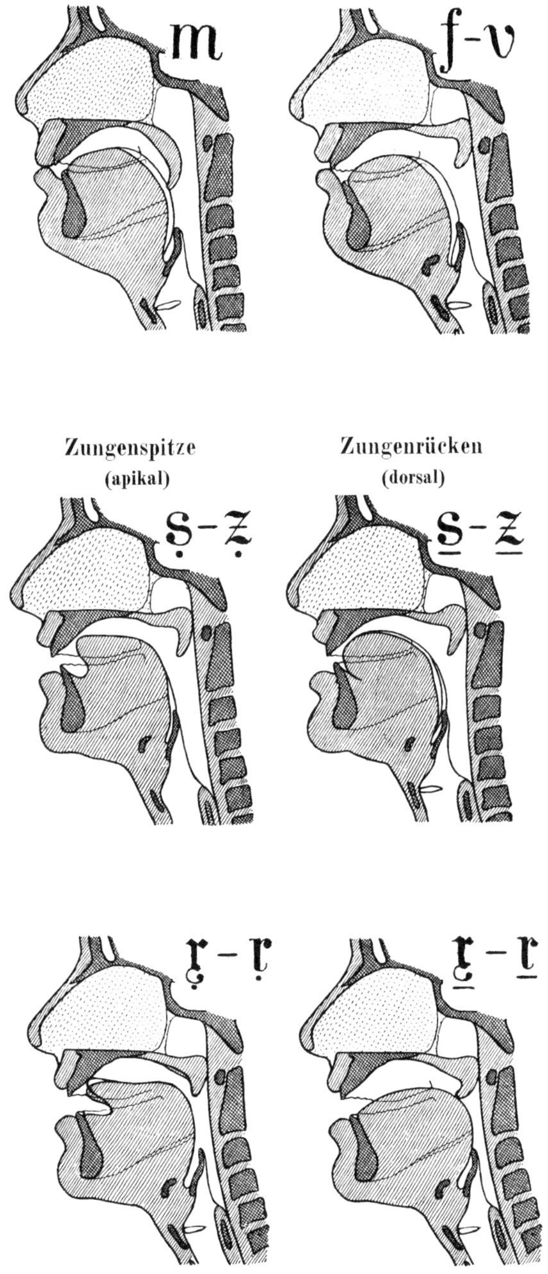


*Abbildung 2:* Konsonanten im Röntgenbild
(aus: J. Forchhammer [12] )

lang. Der Greisenkehlkopf ist (beim Mann) dann zu 100 % verknöchert [9]. Der Knochen des Felsenbeins als Gehäuse des Ohres ist brüchig und wenig durchblutet, so daß es im Laufe des Lebens nicht selten – einzigartig im gesamten Skelett des Menschen – zu haarfeinen Rissen im Sinne von spontan entstehenden Mikrofrakturen kommt. Mangels der Regenerationskraft in diesem Bereich des Organismus heilen diese Frakturen lebenslang nicht [10]. So steht das Ohr vor uns als ein rasch vollendetes, höchstdifferenziertes Sinnesorgan, das eine sehr lange Entwicklungsgeschichte hinter sich hat und heute dabei ist, sozusagen bei lebendigem Leibe zu zerfallen. Wir verstehen naturwissenschaftlich voll und ganz, wenn Rudolf Steiner das Ohr als am Ende seiner Entwicklungsmöglichkeiten angelangt bezeichnet.

Der Kehlkopf des Menschen hingegen hat zum Teil eine evolutiv völlig neue Muskulatur, die sich bei seinen tierischen Vorfahren noch gar nicht findet. Es ist die Muskulatur, die sich unmittelbar über der Stimmritze in den Schleimhautfalten des *Kehlkopfeingangs* befindet [11]. Dort plastiziert sie durch differenzierte Erweiterungs- oder Verengungsvorgänge das Ansatzrohr des Kehlkopfes und formt damit den Klang zu Vokalen, im Verein mit den anderen plastischen Bewegungen des Rachen- und Mundraumes, die von der anatomischen Linguistik seit langem erforscht und dargestellt sind (vgl. Abb. 1).

Der Anatom Herman Braus hat darauf hingewiesen, daß diese feinsten «Müskelchen des Kehlkopfeinganges» – wie er sich ausdrückt – individuell höchst verschieden angelegt sind. Ja, er geht davon aus, daß diese für den Menschen spezifische Muskulatur des Kehlkopf-Einganges sich überhaupt erst nach der Geburt mit dem Erwerb der Sprache bilde. «Diese neue Muskulatur, welche nur dem Menschen eigen ist, hat alle Merkmale einer progressiven Entwicklung, nämlich zahlreiche Varianten an Zahl, Lage, Größe usw.» [11]. Wenn es mir auch leider bisher nicht gelungen ist, diese Feststellung von Braus, auf die Gisbert Husemann oft hingewiesen hat, in der neueren Literatur zu bestätigen, so macht es immerhin hellhörig, wenn von Voss auf die *embryonale Struktur* der Stimmbandmuskulatur hingewiesen wurde [13]. So bestätigt sich naturwissenschaftlich das geisteswissenschaftliche Ergebnis Rudolf Steiners, wonach der Kehlkopf ein Organ ist, das sich erst am Beginn seiner Entwicklung befindet – das Ohr hingegen ein Organ, das am Ende seiner Evolution angelangt ist. Worin die künftigen Entwicklungspotenzen des Kehlkopfes liegen, das soll im weiteren entwickelt werden. Es hat dies gerade mit dem Geheimnis der Luftlautformen einerseits und mit der Eurythmie andererseits zu tun. Zunächst ist dazu aber notwendig, Ohr und Kehlkopf in ihrem Zusammenwirken in der Atmung zu betrachten.

## Die Lautformen der Sprache im Blut

Die Luft nimmt in der Einatmung bei aufrechtem Oberkörper den Weg von oben nach unten. Indem wir uns den Sauerstoff zuführen, vollzieht sich ein verfeinerter Ernährungsvorgang. Die grobstofflichere Ernährung geht denselben Weg vom Mund durch Magen und Darm, von oben nach unten. Dieselbe Richtung nehmen auch Entwicklung und Wachstum der Gestalt: Die Kopfentwicklung eilt voran, dann folgt das Wachstum des Rumpfes und schließlich das der Glieder. Wachstum und Ernährung haben zur Folge, daß der Leib *schwer* wird. Die Einatmung in ihrer Richtung von oben nach unten wird so zum Bild der Inkarnationsbewegung: Das Leben nach der Geburt beginnt mit einer Einatmungsbewegung.

Hat das Kind gelernt, aufrecht zu *gehen*, so lernt es *sprechen*. Schließlich beginnt es zu begreifen, was es spricht, und lernt denken, auch ohne zu sprechen. Das Erwachen der Seele im Leib nimmt also den Weg aus den Beinen über die Atemgestaltung im Wort bis zur Gedankenbildung im Kopf – von unten nach oben. Dieser Weg der Ausatmung ist die Fortsetzung des venösen Blutweges, der aus den Füßen bis zum Herz von unten nach oben strömt und sich als Ausschei-

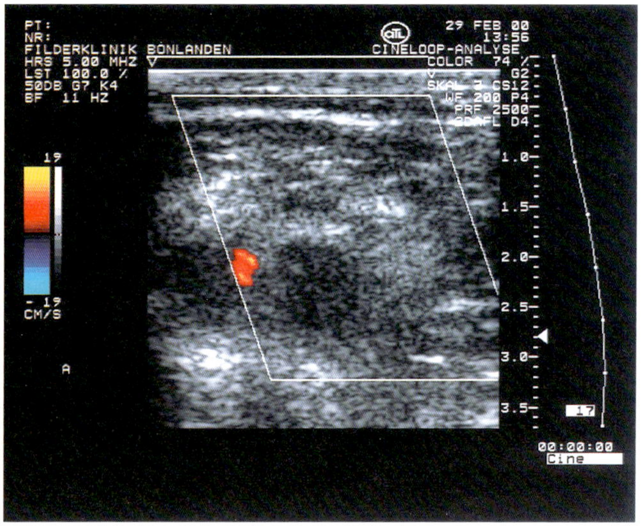


Abb. 3: Vokal A

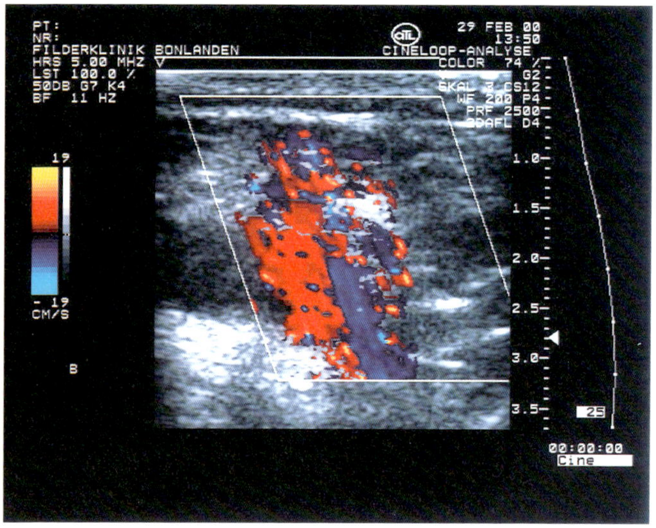


Abb. 4: Konsonant B

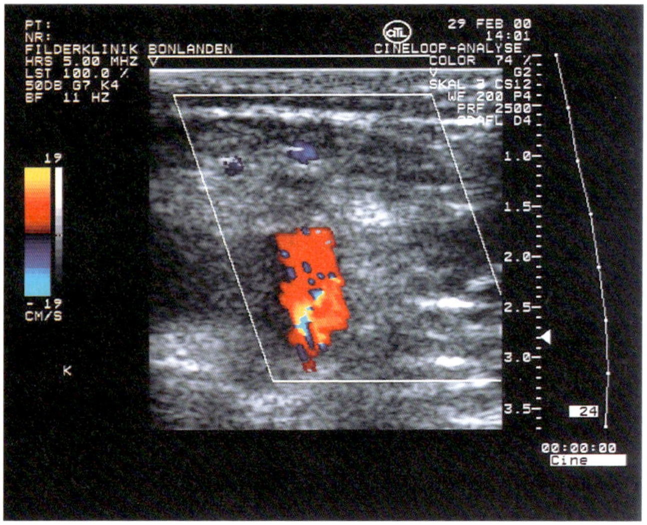


Abb. 5: Konsonant K

*Abbildungen 3 – 9:* Lautformen der Sprache im venösen Blut der Leistenregion. Aufnahmen mit Doppler-Ultraschallgerät.

Das Gerät verbildlicht Richtung und Geschwindigkeit des venösen Blutes an der Vena iliaca (Leistenregion) am liegenden Sprecher. «Rot» bedeutet, daß das Blut für die kurze Zeit des Sprachlautes seine Richtung umgekehrt hat in die Peripherie. Von den elf Bildern pro Sekunde wurde dasjenige Bild ausgewählt, das die maximale Stauwirkung bzw. Rückstromgeschwindigkeit aufweist. – «Blau» bedeutet normale Strömungsrichtung (nur bei normaler Ausatmung vorhanden). – «Schwarz» im Bereich der Vene bedeutet, daß der Laut die venöse Rückströmung zwar zur Ruhe bringt, aber keine Strömungsumkehr verursacht. (In der Regel ist das bei den Vokalen «A», «O» und bei dem Laut «M» der Fall).

Die Bilder wurden mit einem Ultramark 9 (Fa. ATL) gemacht. Schallkopf 5MHZ, 100% Leistung, Bildfrequenz 11 HZ. Colorverstärkung 74%, Farbcodierung im Empfindlichkeitsbereich von ± 19 cm/s Fließgeschwindigkeit.

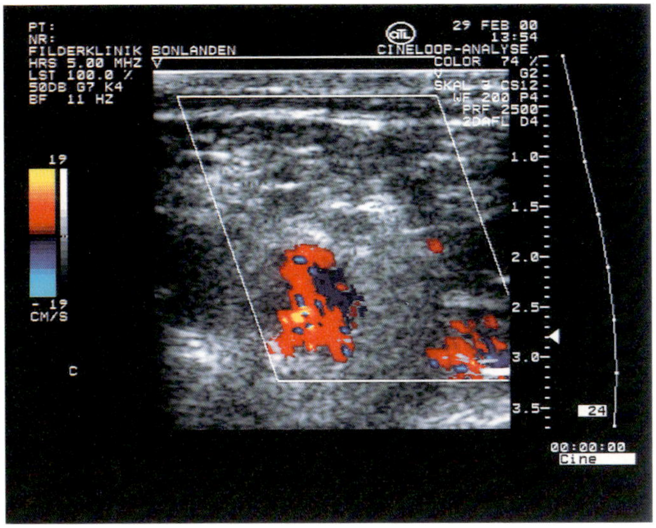


Abb. 6: Konsonant C

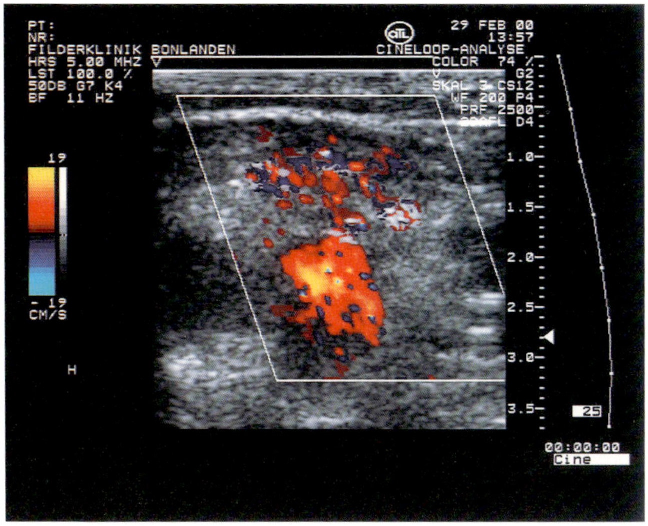


Abb. 7: Konsonant H

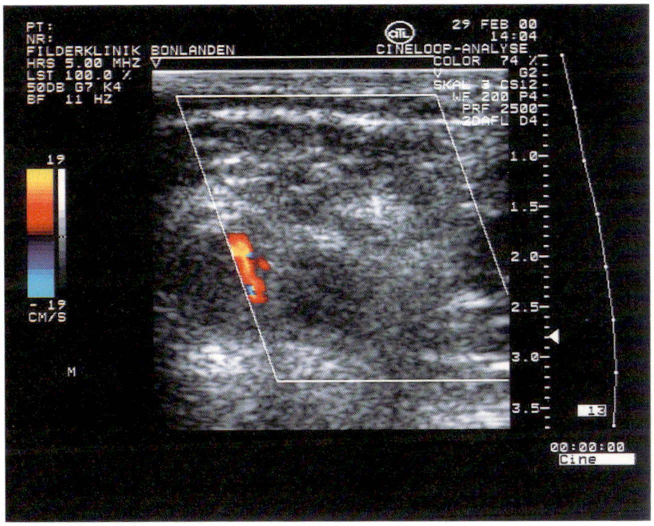


Abb. 8: Konsonant M

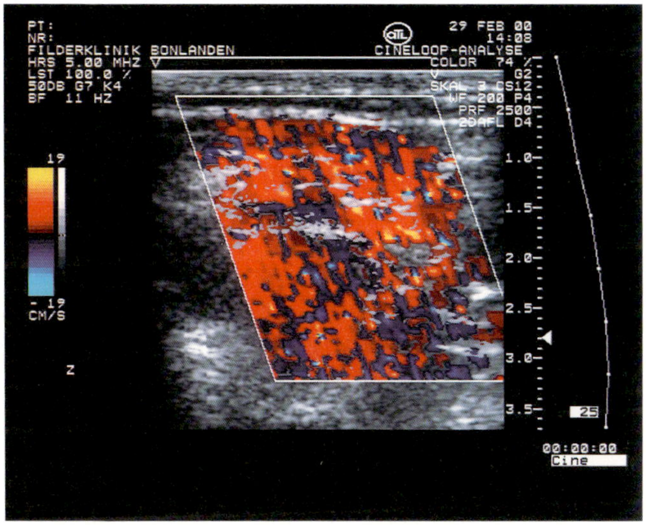


Abb. 9: Konsonant Z

dungsweg von Kohlensäure und Wasser unmittelbar in die Ausatmungsluft bis zum Kehlkopf fortsetzt. Hier wird diese Luft zu Klang und Sprache geformt. *Venöser Blutstrom, Ausatmungsluft* und *gestaltetes Wort* sind drei *Lebensprozesse der Sprachbildung*.

80 % unseres Blutvolumens strömt in Venen, 20 % in Arterien. Während der arterielle Blutstrom vom Herzen rhythmisiert wird, fehlt dieser Puls im Venenblut. Dieses ist in seiner Strömung ganz von der Atmung abhängig. Hält ein Mensch in Wut die Luft an, so schwillt ihm die «Zornader» (Venen der Stirn- und Schläfenhaut also), weil das venöse Blut von der angehaltenen Atmung gestaut wird. Die Laute der Sprache sind verschiedenartig differenzierte Stauungen der Atmung, was besonders bei den Stoßlauten auffällt. Die Stoßlaute, aber auch andere Konsonanten und sogar die Vokale, stauen deshalb den venösen Blutstrom und formen dabei die venöse Strömung. Mit der Doppler-Ultraschall-Untersuchung der großen Beinvenen kann man hörbar und in einer farblichen Codierung auch sichtbar machen, wie jeder Laut spezifisch gestaltend in den venösen Blutstrom eingreift. Die hier erstmals veröffentlichten Abbildungen (Abb. 3 - 9) sind in dankenswerter Zusammenarbeit mit Herrn Dr. Matthias Weidemann in der Filderklinik entstanden. Sprecher war der Verfasser. Serge Maintier war als Sprachgestalter an der Entwicklung des Verfahrens beteiligt. Die zur Zeit laufende Forschung zeigt, daß diese Bilder wohl ausreichend reproduzierbar sind. Sie sind hier im Sinne einer vorläufigen Mitteilung gemeint.

Wir finden hier, nach innen gespiegelt, ein komplementäres Phänomen zu den Luftlautformen der Sprache: die *Lautformen der Sprache im Blut*. Eine künftige Forschung wird vielleicht nachweisen können, daß und in welcher Weise die Art der Sprache eines Menschen die feinere Säftezirkulation über den venösen Blutstrom und damit den Stoffwechsel der Organe, besonders der Leber, beeinflußt. Jede Stauung des venösen Abflusses aus einem Organgewebe bedeutet ja, daß zum Beispiel – um nur die bekannteste Tatsache zu erwähnen – die auszuscheidende Kohlensäure etwas länger im Gewebe bleibt; ein kurzer Rückstau ist also mit einer sehr zarten Ansäuerung des Stoffwechsels verbunden. Rudolf Steiner sprach der Spracherziehung eine starke Wirkung auf die moralische Entwicklung zu. Das verstehen wir hieraus. Denn das Stoffwechselgeschehen wird, soweit es die Atmung erfühlt, als Willensantrieb bewußt. *Das Ich ergreift durch das Wort die Stoffwechselprozesse des Blutes.* Als in der ersten Waldorfschule einmal von Pubertierenden Obszönitäten auf den Toiletten angeschmiert waren, bemerkte Rudolf Steiner: In dieser Klasse war die Spracherziehung unzureichend – das Ich hatte sich bei diesen Schülern noch zu wenig im Blut verankert [14].

## Das Wort und die Schnauze des Tieres

Nicht nur die hörbare Sprache entfaltet sich von unten nach oben. Auch die sichtbare Sprache wird durch die Aufrichtung in Armen und Händen frei als *Geste*. Schließlich haben wir in den Muskeln des Gesichtes und der Augen Sprachbewegungen der *Mimik*. Die Muskeln malen, aus der Schwere befreit, im Licht Bilder auf das Gesicht. Sie sprechen von den Stimmungen, sie machen auch gedankliche Aussagen: Zweifel, Frage, Zustimmung, Augenzwinkern. Rudolf Steiner spricht von der «Bildnatur des Menschen», die sich von unten nach oben am Leib zunehmend steigert [15] [16].

Dort, wo sein Inneres für die *Außenwelt* Bild wird, im Haupt, kommt dem Menschen aber auch *innerlich* die Welt als Vorstellungs-Bild zum Bewußtsein. Für die äußere wie für die innere Wesenheit des Kopfes gilt: Das Ich wird Bild für die Welt; die Welt wird Bild für das Ich. Die Sprache sendet klingende Bilder des Seelisch-Geistigen in diesem Bereich nach außen. Hier lösen sich die Bildekräfte, die im unteren Menschen in den Stoffwechsel untertauchen, *nach außen* ab; sie werden frei und *erscheinen* dadurch im Bewußtsein. Wir sehen in dem Weg von unten nach oben den Weg des Bewußtwerdens auf den venösen Bahnen des

Absterbens. Der letzte Atemzug des Lebens ist eine Ausatmung [17].

Da sich der Kehlkopf in den Weg der Ausatmung eingliedert, stellt sich die Frage, ob sein polares Gegenbild, das Ohr, mit der Einatmung zu tun hat. Beim Einatmen setzt sich die Luft chemisch in die Flüssigkeit des Blutes hinein fort (Sauerstoffaufnahme). Beim Hören von Sprache setzen sich die Druckwellen des Kehlkopfklanges, durch die Gehörknöchelchen vermittelt, in die Flüssigkeitswellen des Innenohres hinein fort. Hören ist so betrachtet metamorphosiertes Einatmen. Nehmen wir die Nähe des Mittelohres zur Stoffwechselfunktion des Kauens hinzu (siehe oben) und erinnern wir uns weiter, daß wir mit jedem Schluckakt beim Essen das Mittelohr über die Tubenkanäle belüften, so wird deutlich: Das Ohr steht auf der Seite der Einatmung und Inkarnation. Inkarnation heißt: Der Seelengeist verräumlicht sich plastisch. «Verräumlichung» ist aber das Schicksal der Töne im Ohr. In ihm werden die Töne auf der Spirale des Innenohres einzeln verräumlicht: Jede Härchenzelle auf der Spirale entspricht einer genau definierten Tonhöhe. Von den höchsten Tönen am ovalen Fenster bis in die Schneckenspitze finden wir so im Ohr eine *räumliche* Fixierung des Zeitwesens «Musik».

Im Kehlkopf lebt die Tonhöhe hingegen nicht in einer räumlichen Fixierung, sondern in den verschiedenen *Bewegungen*, die den Spannungszustand der Stimmbänder verändern. (Die Kippbewegung des Schildknorpels spielt hier die Hauptrolle.)

Zunge, Gaumen, Zähne, Lippen sind zunächst Organe der Nahrungsaufnahme und dienen damit der Inkarnation. *Nur der Mensch* benutzt diese Organe, um in der umgekehrten Richtung der Exkarnation Sprachlaute zu bilden. Die Ausatmungsluft trägt Endprodukte des Stoffwechsels: Kohlensäure und Wasser; die sprachlose Ausatmung ist eine Art «Luftbegräbnis» des in Statu nascendi ständig sich bildenden Leichnams unseres Leibes.

Die Kraft seines «Ich-bin», die den Menschen aufrichtet, offenbart ihr Wesen darin, daß sie aus dem Tode des Leibes eine neue Gestalt formt: das Wort, das geistiges Leben trägt. Es darf als die Auferstehungsgestalt des im Abbau verwesenden Leibes bezeichnet werden. Die Macht des Ich reißt den Leib aus der Schwere heraus und verwandelt sprechend das Skelett des Menschen; denn nur beim Menschen unterbleibt das Wachstum der Kieferfront zur Schnauze. Die Kiefer beenden ihr Vorwachsen in die Richtung einer tierischen Schnauzenbildung nämlich gerade dann, wenn das Kind das Lautrepertoire seiner Muttersprache erlernt hat [18]. Das Ich-Wesen des Menschen greift also durch sein Wort nicht nur ins Blut gestaltend ein, sondern es formt das mineralisierte Skelett, wie es evolutiv die Kaubewegung zur Hörbewegung verinnerlichte (s. oben S. 73).

## Das Wort als Umstülpungswesen des Ich

Haben wir die Gestaltungskraft des Wortes im Blut und im Skelett des Leibes erfaßt, dann sind wir dem geisteswissenschaftlich erfaßbaren Urbild der menschlichen Sprachbewegung nahe gekommen. Die Lebensbewegung der Sprache aus dem Blut über die Ausatmung bis in die Kopforgane der Zähne und Lippen ist *Bild* eines viel umfassenderen geistigen Geschehens, eines Geschehens, dem der Mensch in seinem geistigen Leben nach dem Tode im kosmischen Maßstab unterworfen ist. Im venösen Blut strömen die Stoffwechselergebnisse unserer Taten hinauf und werden, vom Herzen vermittelt, zum Wort. So strömen die geistigen Tatenergebnisse nach dem Tod als Schicksalskeime in die Sonnensphäre des Weltenherzens, damit der Mensch das Ergebnis seiner Taten sichten und klären kann in dem Licht und der Kraft, mit denen die Christuswesenheit seine Tatenwelt beleuchtet. Und mit den hierarchischen Schöpfer-Wesen der Geistwelt zusammen konzipiert er hier sein nächstes Erdenleben so, daß es im wahrsten Sinne des Wortes die kosmo-logische Fortsetzung des vorherigen Erdenlebens bildet. Diese Schicksalskonzeption wird auf dem Wege in die

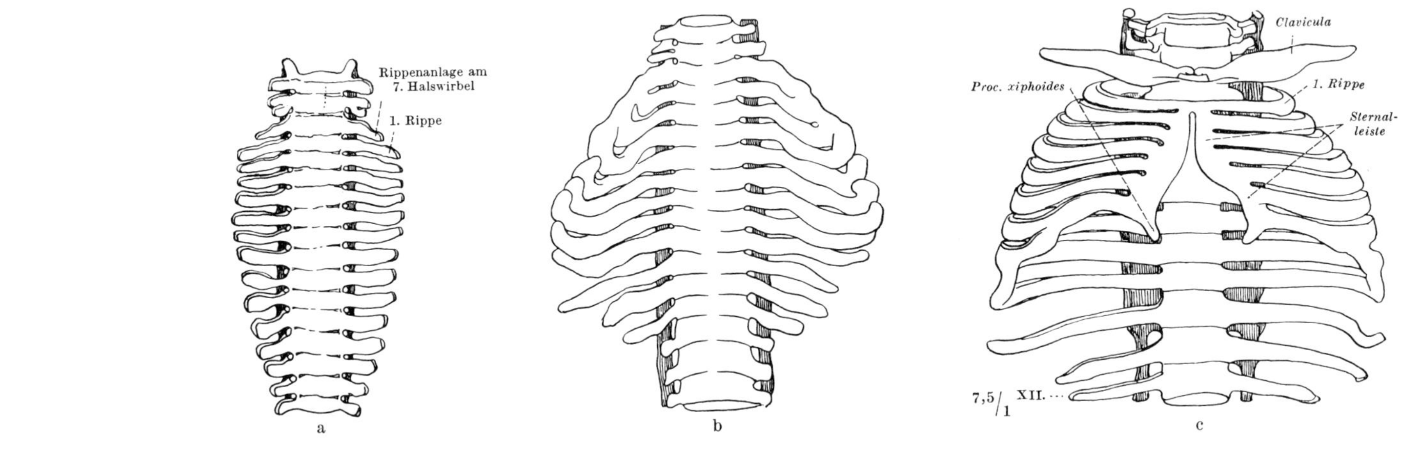


*Abb. 10:* Embryologie des Brustkorbes (aus: H. Braus [11], S. 126)

Sphäre des Saturn in die Geistgestalt des Hauptes für den Leib des nächsten Erdenlebens umgestülpt. Der Weg des Blutes vom *Herzen* in die Ausatmung und in das *Wort* ist davon das physische Abbild. Das Wort ist eine in der Luft gestaltete Metamorphose des Kopfes.

Im Erdenwort ist so im Sinne Goethes «Künftiges voraus lebendig». Das meinte Rudolf Steiner, wenn er davon sprach, wie im gesprochenen Wort der Versuch vorliegt, in der Luft eine Art Kopf zu bilden. «Der Kehlkopf des Menschen ist ganz und gar ein verkümmertes Haupt des Menschen, ein Kopf, der nicht ganz Kopf werden kann und der daher seine Kopfesnatur auslebt in der menschlichen Sprache. Die menschliche Sprache ist der fortwährend vom Kehlkopf in der Luft unternommene Versuch, Kopf zu werden. Wenn der Kehlkopf versucht, der oberste Teil des Kopfes zu werden, da kommen zum Vorschein diejenigen Laute, welche deutlich zeigen, daß sie am stärksten von der menschlichen Natur zurückgehalten werden. Wenn der menschliche Kehlkopf versucht, Nase zu werden, da kann er nicht Nase werden, weil ihn die wirklich vorhandene Nase daran verhindert. Aber er bringt hervor in der Luft den Versuch, Nase zu werden in den Nasenlauten. Die vorhandene Nase staut also die Luftnase, die da entstehen will in den Nasenlauten. Es ist außerordentlich bedeutungsvoll, wie der Mensch, indem er spricht, fortwährend in der Luft den Versuch macht, Stücke von seinem Kopf hervorzubringen und wie sich wiederum diese Stücke von dem Kopf in welligen Bewegungen fortsetzen und sich dann stauen an dem leiblich ausgebildeten Kopf. Da haben Sie dasjenige, was menschliche Sprache ist.»[19] Sie entsteht, wenn die frei werdenden Bildekräfte, die ein künftiges Haupt bilden wollen, sich dabei mit dem Ergebnis des vorigen Erdenlebens im leiblich gebildeten Kopf begegnen.

## Das I – A – O im Ätherleib des Menschen

Wenn der Mensch spricht, werden also diejenigen Bildekräfte der Laute aus ihm freigesetzt und der Luft eingeprägt, die aus dem Götterwort den Leib in der Embryonalentwicklung geschaffen haben. Rudolf Steiner bezeichnet in diesem Sinne den Gesamtchor aller Sprachlaute, das Alphabet, als die Form des menschlichen Ätherleibes [1]. Eurythmie bringt diese ätherischen Bildebewegungen der Sprachlaute phy-

*Abb. 11:* Eurythmiefiguren für die Laute I – A – O (nach Rudolf Steiner)

sisch zur Erscheinung gemäß den geistigen Beobachtungsmethoden Rudolf Steiners. Sie ist für den Wissenschaftler, der die *übersinnlichen* Bildekräfte der physischen Organe erkennen will, ein Bild-gebendes Verfahren des Ätherleibes, so, wie die Röntgenröhre oder das Ultraschallgerät Bilder der *untersinnlichen* Wirklichkeit des physischen Leibes liefern.

Durch Röntgenaufnahmen kann zum Beispiel die Skelettentwicklung des Brustkorbes beim Embryo sichtbar gemacht werden (Abbildung 10): Zunächst erscheint die rhythmisch gegliederte Achse der Wirbelsäule. Dann sprossen seitlich abgewinkelt die Rippen heraus. In einem dritten Schritt vereinigen sich die Rippen vorn und oben zum Brustbein. Dieser dritte Schritt umschließt das aus dem Kopfbereich in den Brustraum hinabgewanderte Herz. Was die mit untersinnlichen Mitteln erzeugten Bilder zeigen, geht aus Bewegungen hervor, in denen wir die übersinnlichen Bewegungen des Ätherleibes wiedererkennen, die von der Eurythmie sichtbar gemacht werden.

«Der Mensch ist eine fertige Form, wie er vor uns steht. Aber diese fertige Form ist aus Bewegung hervorgegangen. Diese fertige Form ist aus sich bildenden und ablösenden Urformen hervorgegangen. (…) Was tut mein Schöpfer in mir als Mensch aus dem Urwesen der Welt heraus? Wenn Sie auf das Antwort geben wollen, so müssen Sie die eurythmischen Formen bilden. Gott eurythmisiert, und indem er eurythmisiert, entsteht als Ergebnis des Eurythmisierens die Menschengestalt.»[1].

*Abb. 12* (aus A. Husemann [16], S. 34/35)

Daraus ist zu verstehen, warum die heileurythmische Lautfolge «I–A–O» als umfassende Heilkraft wirkt für Störungen, die *im mittleren Menschen* ihren Sitz haben [21]. Auch in dem Johanni-Vortrag 1924, mit dem der Kursus «Eurythmie als sichtbare Sprache» eröffnet wurde und der ja den entscheidenden Anstoß für Johanna Zinke enthielt, heißt es wenige Sätze zuvor: «Es geschieht also im Sprechen etwas ganz außerordentlich Bedeutungsvolles. Es bildet sich der Mensch. Und man kann schon mit einer gewissen Vollständigkeit zum Beispiel das Seelische bilden, wenn man umfassende Gefühle hinstellt. I – O – A, das stellt vieles vom Seelischen dar, fast das ganze Seelische seinem Gefühlsleben nach: I – O – A.»[1]

## Die Entwicklung der Luftlautform des Vokals «O»

In der Embryonalentwicklung bildet sich voraneilend als erstes die Kugelform des Hauptes. Dann wird der Rumpf gebildet und seine inneren Organe. Als letztes gliedern sich die Gliedmaßen an den Rumpf an. Diese als «craniocaudale Wachstumsrichtung» bekannte Zeitordnung der plastischen Entwicklung strömt aus dem «Zeitenleib», dem Ätherleib, in den räumlichen physischen Leib ein. Rudolf Steiner gab eine plastische Übung für Ärzte an, durch welche sie diese Grundgesten, die die physischen Einzelheiten synthetisch durchdringen, erfassen lernen sollen (Abb. 12).

Betrachten wir nun die Entwicklung der Luftlautform des Vokals «O» auf den Tafeln 24 und 25, so finden wir genau die gleiche Abfolge der plastischen Metamorphose. Die Sprache zeigt hier ihre plastische Bildekraft im physischen Bild. Dieselbe Kraft liegt als ätherisch-lebendiger Prozeß der Leibesbildung zugrunde: «Wenn man O ausspricht, da versucht man dasjenige, was sich in der Kugelform des Hauptes zum Ausdruck bringt, im ganzen Ätherkopfe zum Ausdruck zu bringen. Und da hat man das Bestreben, sich einen zweiten Kopf zu formen.» [22] Dies als Beispiel dafür, wie in den Zeitgestalten der Luftlautformen die ätherischen Bildegesten spezieller Organbereiche sichtbar werden.

## Luftlautformen als Urphänomene der Eurythmie

An Johanni 1924 führte R. Steiner aus: «Was tun Sie also, indem Sie sprechen, das Alphabet aussprechen? Sie versenken sich gewissermassen in die Form ihres Ätherleibes und teilen sie der Luft mit. Sie bilden in der Luft ein Abbild ihres Ätherleibes.» (S. 47) «Alles dasjenige, was wir aussprechen, zeichnet in die Luft hinein eine gewisse Form, die man nur nicht sieht, die man aber durchaus als vorhanden voraussetzen muß, von der man sich sogar denken könnte, daß sie durch wissenschaftliche Mittel ohne die menschliche Zeichnung fixiert würde. Wenn wir ein Wort aussprechen: Baum, Sonne – immer führen wir eine ganz bestimmte Luftform aus.» (24.6.1924) Und am Tag darauf wird die Beziehung dieser Form zur Eurythmie gekennzeichnet: «Und dann wollen wir allmählich den Übergang finden zu der Charakteristik der Formen, die wir in der Eurythmie gebrauchen und die wirklich nun gebärdenhaft ganz genau dasselbe ausdrücken in ihrem Wesen, was die Laute selber in die Luft hinein blasen, in die Luft hineingestalten.» (25.6.1924) Und schließlich: «Wir haben gesehen, daß es sich bei den Lauten doch darum handelt, die Geste so zu gestalten, daß einfach äußerlich sichtbar dasjenige nachgeahmt wird, was ja doch als eine Art Luftgeste wirklich vorhanden ist, wenn man spricht. Wir formen in einer gewissen Weise die Luft, indem wir sprechen. Würden wir durch irgend etwas dasjenige festhalten können, was da geformt wird, so würden wir das Vorbild für die Geste bekommen, die das Lautliche darstellt.» (1.7.1924)

Vermutlich geht es manchem Betrachter der Luftlautformen Johanna Zinkes ähnlich wie dem Verfasser. Man ist von diesen Bildern vielleicht angeregt und erstaunt. Versucht man aber, den Äußerungen Steiners entsprechend, in diesen Formen die *Keime der Eurythmie-Gebärden* zu entdecken, ist man bei vielen Bildern etwas ratlos. Das liegt zunächst wohl daran, daß wir auf den einzelnen Fotos nicht den Bewegungsprozeß der plastischen Entwicklung sehen; dann auch daran, daß es sich um erstmalige Pionier-Versuche handelt. Die Bilder müßten in Zukunft aus mehreren Richtungen aufgenommen werden, nicht nur seitlich, sondern auch von oben und von vorn. Johanna Zinke hatte auf meine Anregung hin schon mit solchen Aufnahmen begonnen; ihr Tod verhinderte sie an der Weiterarbeit. (Vgl. die Luftform des Lautes «L», Aufnahme von oben, Tafel 41)

Die Eurythmie verkörpert die sprachlichen Bildebewegungen des Ätherleibes im lebendig bewegten physischen Leib des Menschen und macht sie *physisch* sichtbar. Es kam Rudolf Steiner offenbar darauf an, als Goetheanist auf jene Phänomene hinzuweisen, in denen die menschliche Organisation schon aus sich selbst die Tendenz zeigt, die Bildekräfte der Sprache physisch-plastisch bewegt sichtbar zu machen. Eurythmie wäre in diesem Sinne die Steigerung einer Erscheinung, die schon keimhaft in den Luftlautformen der Sprache veranlagt ist.

Man kann nun die Luftlautformen der Konsonanten der *kosmischen Herkunft* ihrer Bildekräfte gemäß anordnen, die Rudolf Steiner ja im zehnten Vortrag desselben Kurses angibt, in der Ordnung des Tierkreises. (Siehe die folgende Doppelseite.)

Bei dieser Anordnung der Bilder kann, so meine ich, der eurythmisch geschulte Betrachter sehen, wie die eurythmischen Bewegungsimpulse der Konsonanten durchaus in den Luftlautformen erscheinen. Man betrachte das dahinfliehende «F» und den massigen Einschlag des *T*, das runde *B*, das zackige *S* und das kraftvolle *K*. Das *L* hat unten die runde Masse, oben das zarte «Löckchen». Man betrachte weiter die *räumlichen Richtungen* der Luftlautformen in dieser Anordnung: Das *W* horizontal mit Tendenz noch oben, dann steigend *R* und *H*, horizontal im *F*, absteigend in *T*, *B*, *C*, *S*, *K* und *L*; sich wieder anhebend in *M* und *N*. Scheint sich hier nicht eine überraschende Beziehung anzudeuten zu dem Steigen und Sinken der Sonne durch den Tierkreis?

«Kein Phänomen erklärt sich aus sich selbst; nur viele zusammen überschaut, methodisch geordnet, geben zuletzt etwas, was für Theorie gelten könnte.» (Goethe [23] )

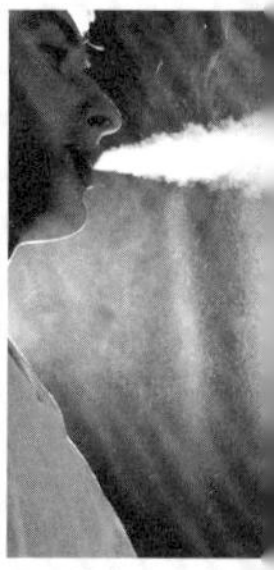

F ♋

H ♊

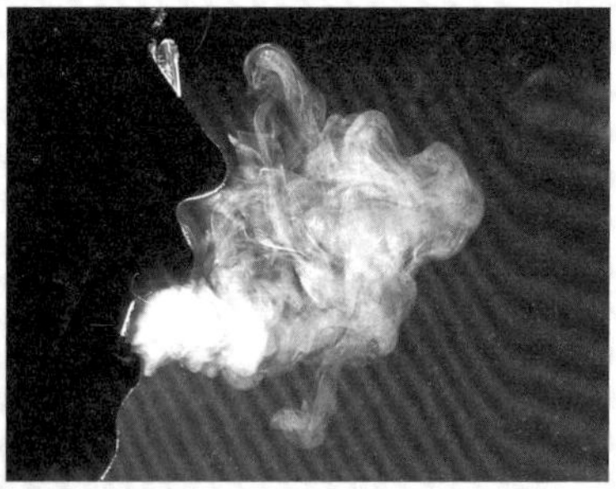

R ♉

W ♈

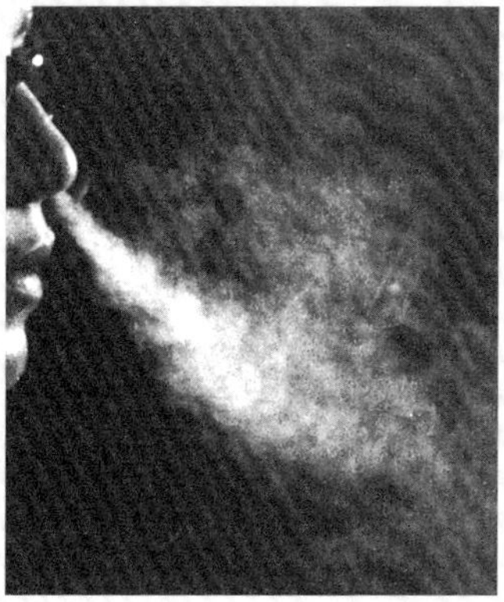

N ♓

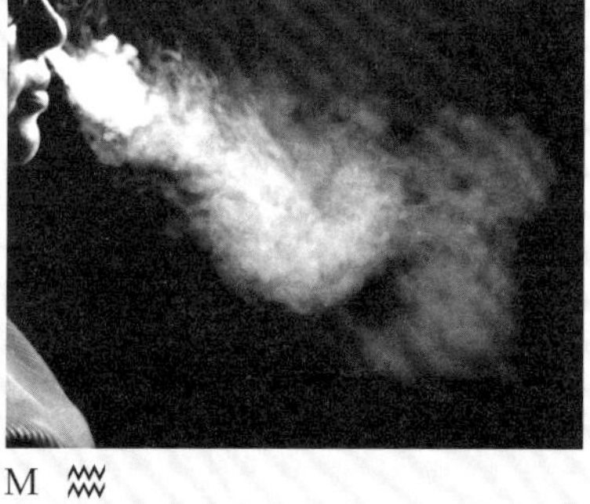

M ♒

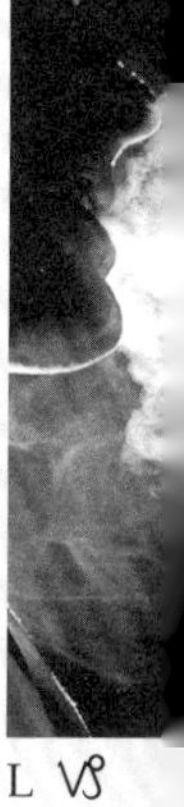

L ♑

Abb. 13:
Die Anordnung
von 12 Konsonanten-
Bildern im Tierkreis

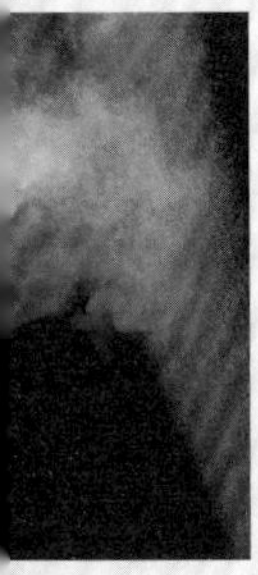

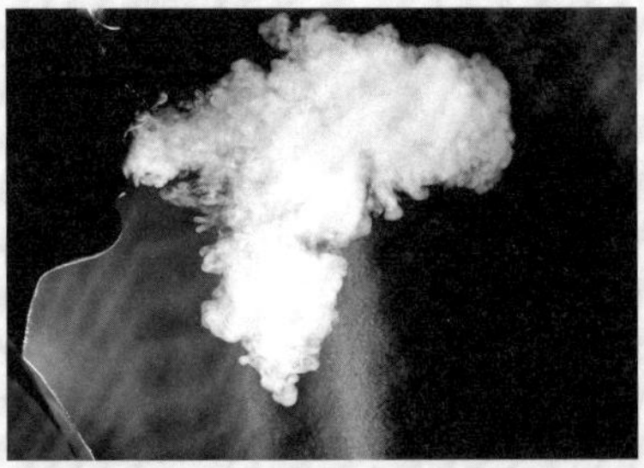

T ♌

B ♍

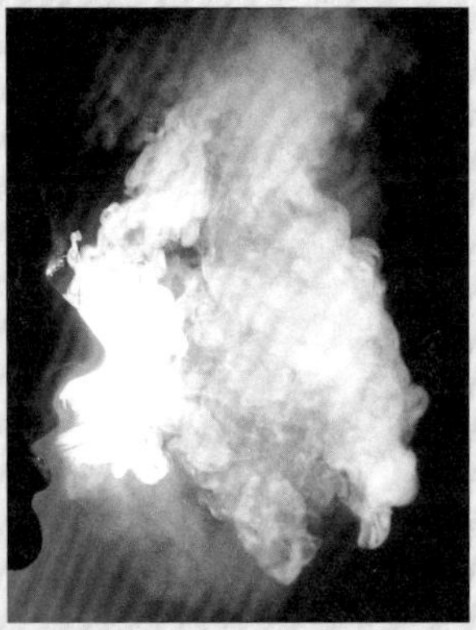

C ♎

S ♏

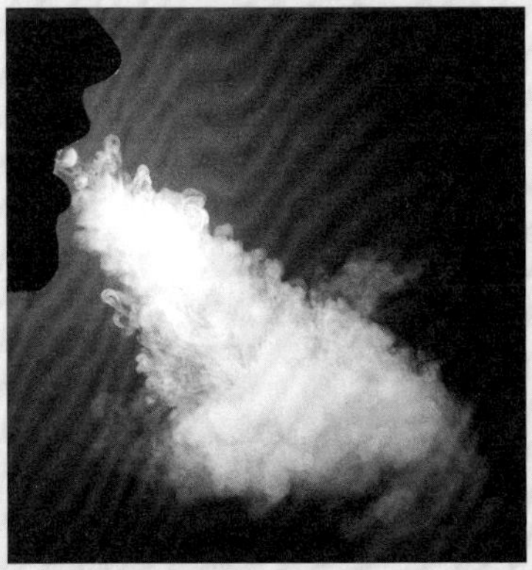

K ♐

## Der Kehlkopf als künftiges Organ der Fortpflanzung

Im gegenwärtigen Zeitpunkt seiner Entwicklung wird dem Menschen nur ein kleiner Anteil seines geistigen Wesens bewußt. Wir wissen deshalb mit dem gewöhnlichen Bewußtsein nichts von unserem Leben zwischen dem Tod und einer neuen Geburt. Je mehr der Mensch sich künftig seines geistigen Lebens bewußt werden wird, um so mehr wird er auch in die Lage kommen, an der Gestaltung seines *eigenen Leibes* mitzuwirken, die heute noch als Embryonalentwicklung völlig außerhalb seines Bewußtseins verläuft. (Eine Andeutung dieser Zukunft liegt darin, daß schon heute die Gesundheit des Menschen zu einem Teil von seinem Bewußtsein abhängt.) In bezug auf sein Schicksal ist der Mensch bereits heute sein Selbstgestalter.

Wir haben gesehen, daß man im Hervorbringen des Wortes ein sinnlich-übersinnliches Bild jener kosmischen Gestaltung der geistigen Anlage des Hauptes in der nachtodlichen Geistwelt erfassen kann. Der Kehlkopf wird immer mehr schöpferische Potenz entwikkeln, indem der Mensch sich moralisch in die Lage hinein entwickeln wird, das Wollen der göttlichen Hierarchien in seinem eigenen Willen zu verwirklichen. Dann wird die Trennung der Geschlechter ihre Mission erfüllt haben, und der Mensch wird wieder als doppelgeschlechtliches Wesen seinen eigenen neuen Leib *aussprechen* – als eine Götterschöpfung, die dennoch seine eigene sein wird. So sind die Luftlautformen als vom Blut erwärmte, durchfeuchtete und gesäuerte Gasgebilde – von den Klangwellen des Kehlkopfes durchdrungen und von den Kopforganen des Mundes geformt – heute noch leblose Gebilde. Aber sie werden künftig zum Leben erwachen. Der künftige Mensch wird lebendige, pflanzliche Wesen mit seiner Sprache hervorbringen.

«Die nächste Stufe wird dann sein, daß er empfindende Wesen spricht; und auf der höchsten Stufe der Entwicklung wird er durch seinen Kehlkopf seinesgleichen hervorrufen. Wie er jetzt nur den Inhalt seiner Seele durch das Wort aussprechen kann, wird er dann sich selbst aussprechen.»[24]

## Der vom Wort gestaltete Rauch im Kultus

Eingeweihte sind Menschen, die die Entwicklung der Menschheit vorausnehmen, um ihr die Wege dieser Entwicklung zu zeigen und zu bahnen. Die Eingeweihten der Kabiren-Mysterien auf Samothrake verfügten damals über eine so hohe schöpferische Macht des mantrischen Wortes, daß sich in den Formen, die sie in den Opferrauch hineinsprachen, die Geistwesen von Göttern inkorporierten. «Das waren die Zeiten, in denen der Mensch nicht in abstracto gesagt hat: Im Urbeginne war der Logos, und der Logos war bei Gott, und ein Gott war der Logos – das waren die Zeiten, in denen der Mensch etwas ganz anderes sagen konnte, in denen der Mensch sagen konnte: In mir gestaltet sich die Ausatmung, und indem sich die Ausatmung in regelmäßiger Weise gestaltet, erweist sie sich selber als ein Nachbild kosmischen Schaffens, denn sie schafft mir aus dem Opferrauch Gestaltungen, die für mich die lebendigen Schriftzüge sind, die mir verraten, was mir die planetarischen Welten sagen wollen.»[25] Aber auch für den christlichen Kultus des geweihten Priesters gilt, daß sich in seinen Worten beim Zelebrieren Luftwesenheiten inkorporieren [26].

In großer Bescheidenheit und unendlichem Fleiß hat Johanna Zinke erstmals Bilder ans Licht gebracht, die in weite Horizonte hinausweisen, in denen eine künftige Kultur schlummert – eine Kultur, in welcher der Mensch die geistigen Gesetze und Kräfte des Kosmos zur Geltung bringen will. Diese Kultur beginnt in der Eurythmie Gestalt anzunehmen.

## Literaturverzeichnis

[1] Steiner, Rudolf: Eurythmie als sichtbare Sprache. GA 279, Vortrag vom 24.6.1924

[2] Steiner, Rudolf: Mein Lebensgang. GA 28, Kapitel VI

[3] Starck, D.: Vergleichende Anatomie der Wirbeltiere. Berlin 1978

[4] Persönliche Mitteilung an den Autor

[5] Zenner, H.-P.: Physiologische und biochemische Grundlagen des normalen und gestörten Gehörsinns. in: Naumann, H.H. (Hrsg.) *Oto-Rhino-Laryngologie,* Stuttgart 1994, Bd. 1, S.152

[6] Paulsen, K.: Das Prinzip der Stimmbildung in der Wirbeltierreihe und beim Menschen. Frankfurt 1967

[7] Thorn, L.: Entwicklung des Ohres. in: Naumann (Hrsg.) *Oto-Rhino-Laryngologie* (siehe [5]), S. 10

[8] Tillmann, B. / Wustrow, F.: Kehlkopf. in: Berendes J. et al. (Hrsg.) *Hals-Nasen-Ohren-Heilkunde in Praxis und Klinik*, Stuttgart 1982, Band 4, Teil 1, S. 1.9

[9] Tillmann, B. und Wustrow, F., a.a.O. (siehe [8])

[10] Spoendlin, H.: Strukturelle Organisation des Innenohres. in: Naumann (Hrsg.) *Oto-Rhino-Laryngologie* (siehe [5] ), Band 1, S. 32

[11] Braus, H.: Anatomie des Menschen. 3.Auflage 1956, Band 2, S. 148 ff.

[12] Forchhammer, Jörgen: Die Sprachlaute in Wort und Bild. Heidelberg 1942

[13] Voss, H.: Embryonale (undifferenzierte) Muskelelemente in einem Kehlkopfmuskel des erwachsenen Menschen. Anat.-An. Bd.116, 1965, S. 384-386

[14] Steiner, R.: Konferenzen mit den Lehrern der Freien Waldorfschule in Stuttgart. GA 300, Band 3, Konferenz vom 21.6.1923

[15] Steiner, R.: Anthroposophische Leitsätze. Dornach 1972, GA 26, S. 28 ff.

[16] Husemann, A.: Der musikalische Bau des Menschen. Stuttgart 1993, S. 256 ff.

[17] Husemann, A., a.a.O. (siehe [16] ), S. 44 f.

[18] Husemann, A.: Der Zahnwechsel des Kindes. Ein Spiegel seiner seelischen Entwicklung. Stuttgart 1996

[19] Steiner, R.: Allgemeine Menschenkunde als Grundlage der Pädagogik. GA 293, Vortrag vom 5.9.1919

[20] Bäschlin, Annemarie: Die Eurythmiefiguren von Rudolf Steiner. Dornach 1987

[21] Steiner, R.: Heileurythmie. GA 315, Vortrag vom 12. April 1921

[22] Steiner, R.: Heileurythmie. GA 315, Vortrag vom 14. April 1921

[23] Goethe, J.W.: Sprüche in Prosa. in: Naturwissenschaftliche Schriften, hg. von R. Steiner, Nachdruck Dornach 1982, Band V, Seite 375

[24] Steiner, R.: Bilder okkulter Siegel und Säulen. GA 284/285, S. 74

[25] Steiner, R.: Mysteriengestaltungen. GA 232, S.182

[26] Steiner, R.: Vorträge und Kurse über christlich-religiöses Wirken, Band V: Apokalypse und Priesterwirken. GA 356, Vortrag vom 6.9.1924

# Die Luftformen aller hochdeutschen Laute

**Fotografien und Zeichnungen von Johanna Zinke**
**Auswahl und Gestaltung: R. Patzlaff**

## Teil 1: Vokale, Umlaute und Diphthonge

# Vokal A

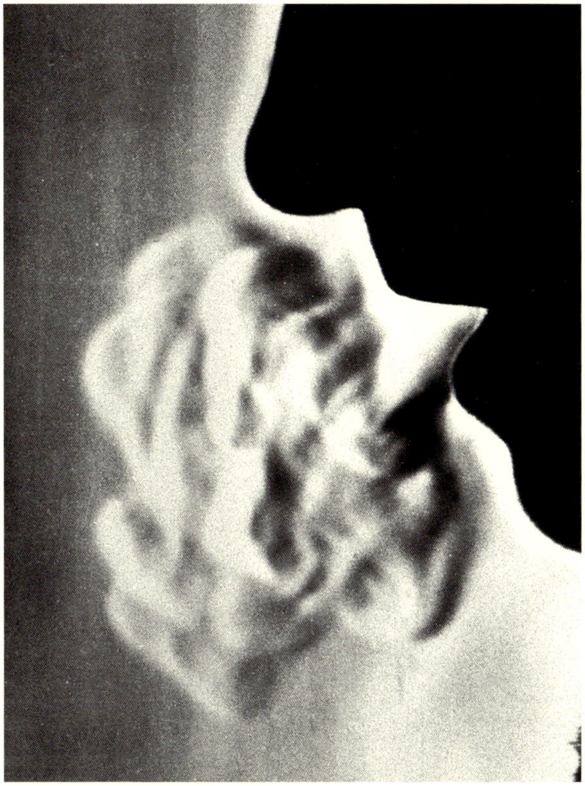

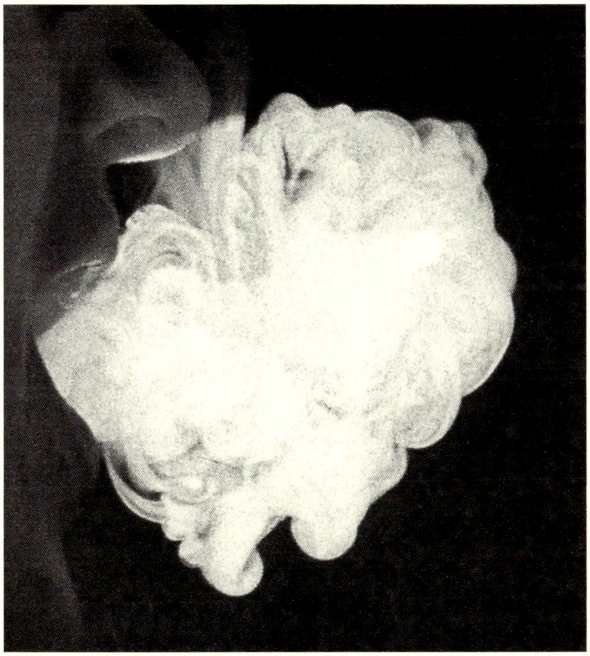

Oben: Schliere, links: Rauch. Siehe auch Tafel 10 und 12

# Vokal E

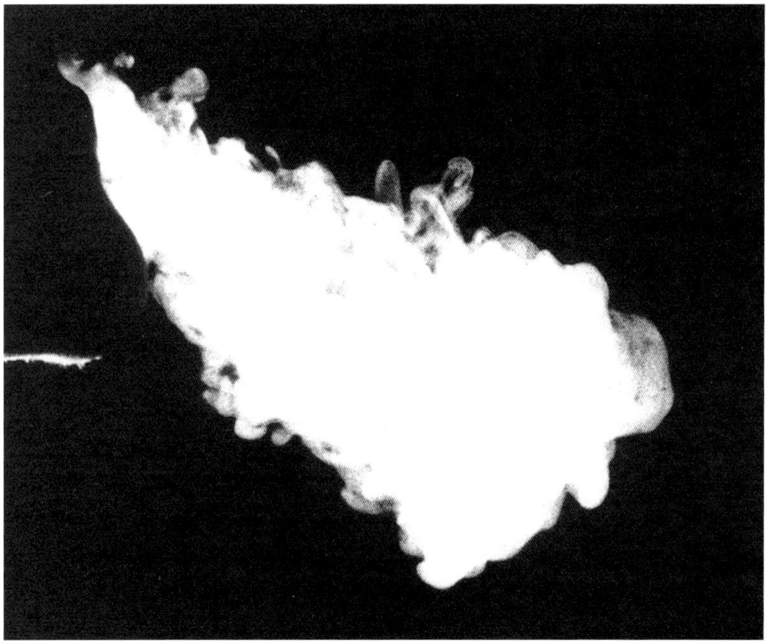

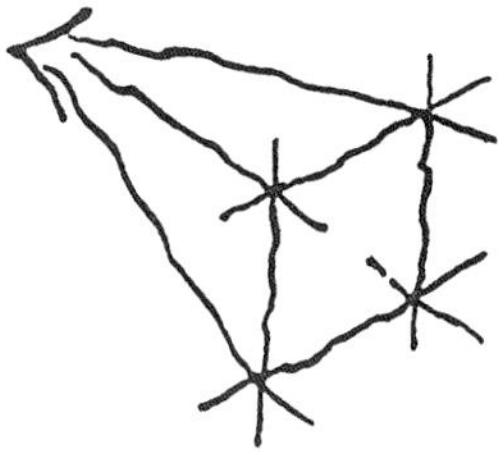

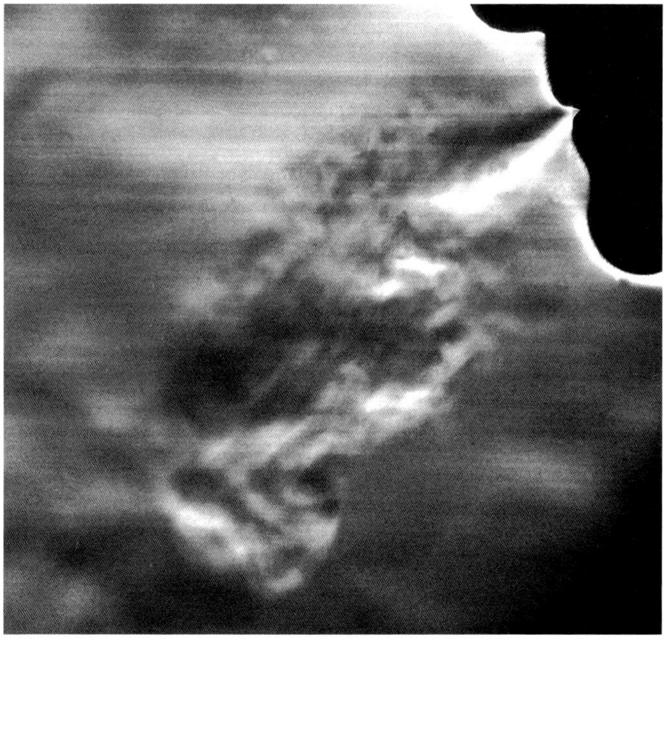

Oben: Rauch, rechts: Schliere

# Umlaut Ä

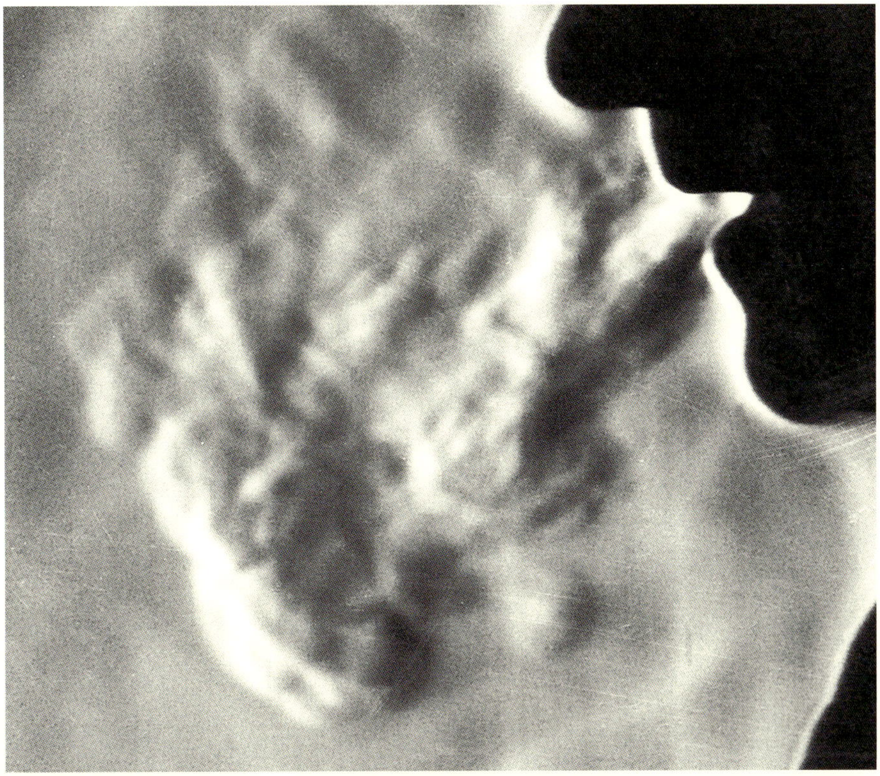

rechts Schliere, unten Rauch

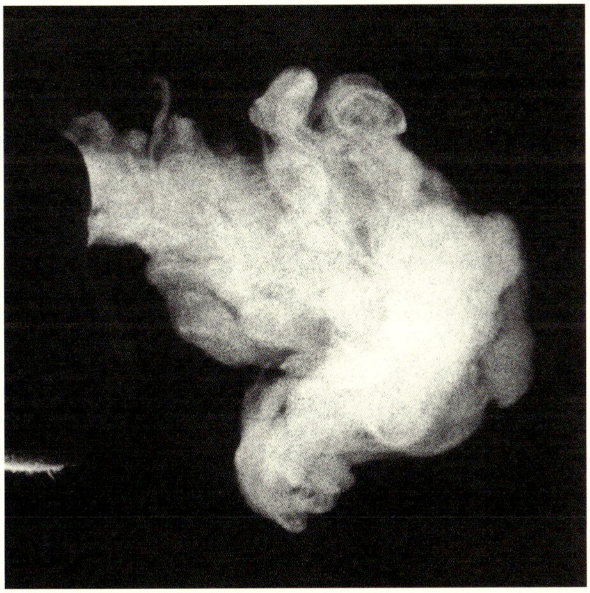

Aufnahme von der Seite

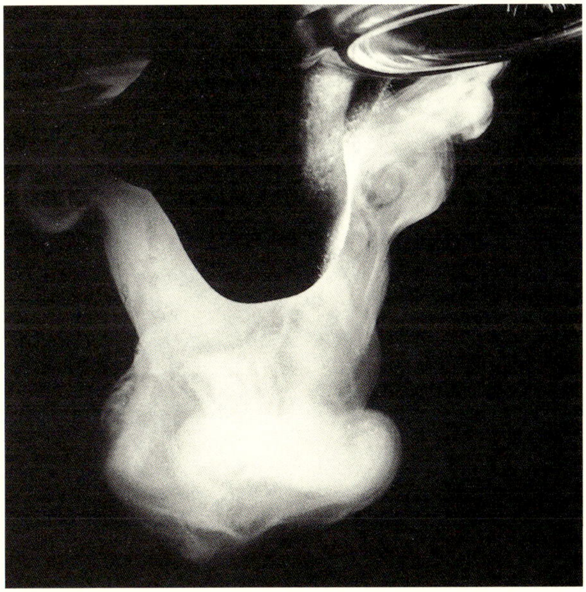

Aufnahme von oben

## Vokal I

Rauch

# Diphthong AI

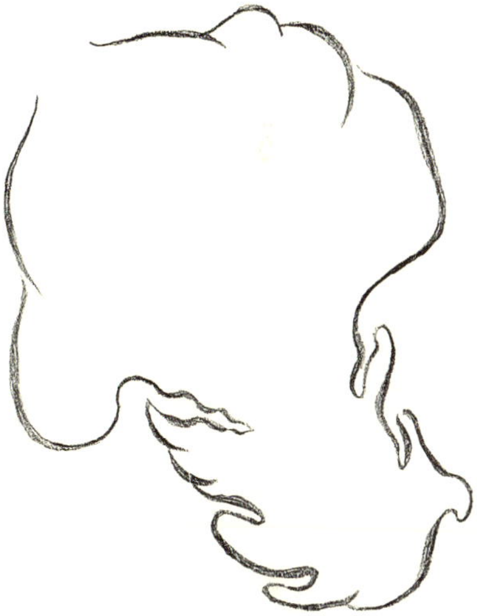

Rauch

# Vokal O

## Ein Entwicklungsgang in vier Stadien

Siehe auch Tafel 8

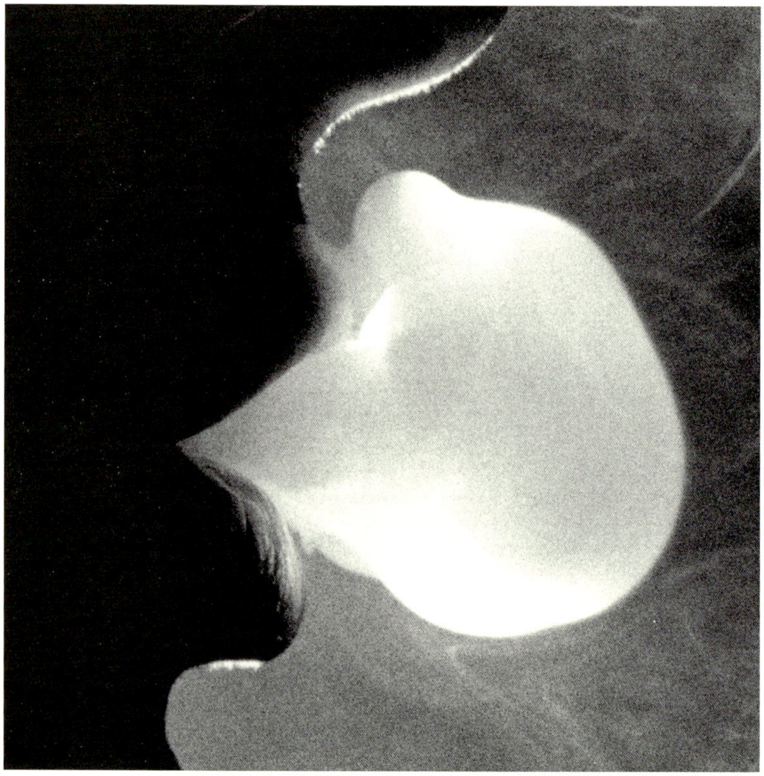

Erstes Stadium: Kugel

Rauch

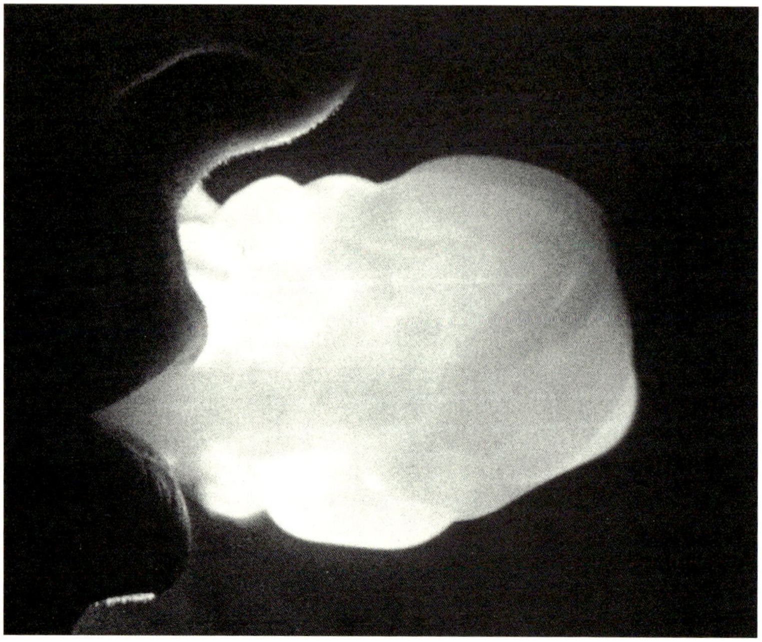

Zweites Stadium:
Von der Kugel zur Walze

Drittes Stadium: Walze mit Wirbeln

Rauch

Viertes Stadium:
Ablösung vom Sprecher.
Eine Art Ringform entsteht

# Umlaut Ö

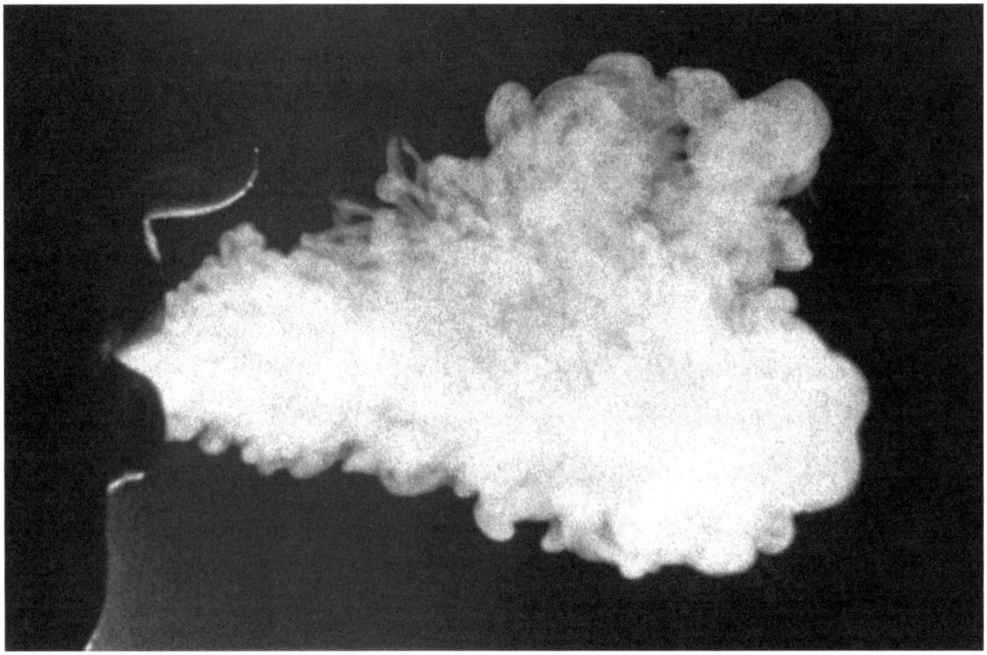

Rauch

# Diphthong EU gesprochen: O + I

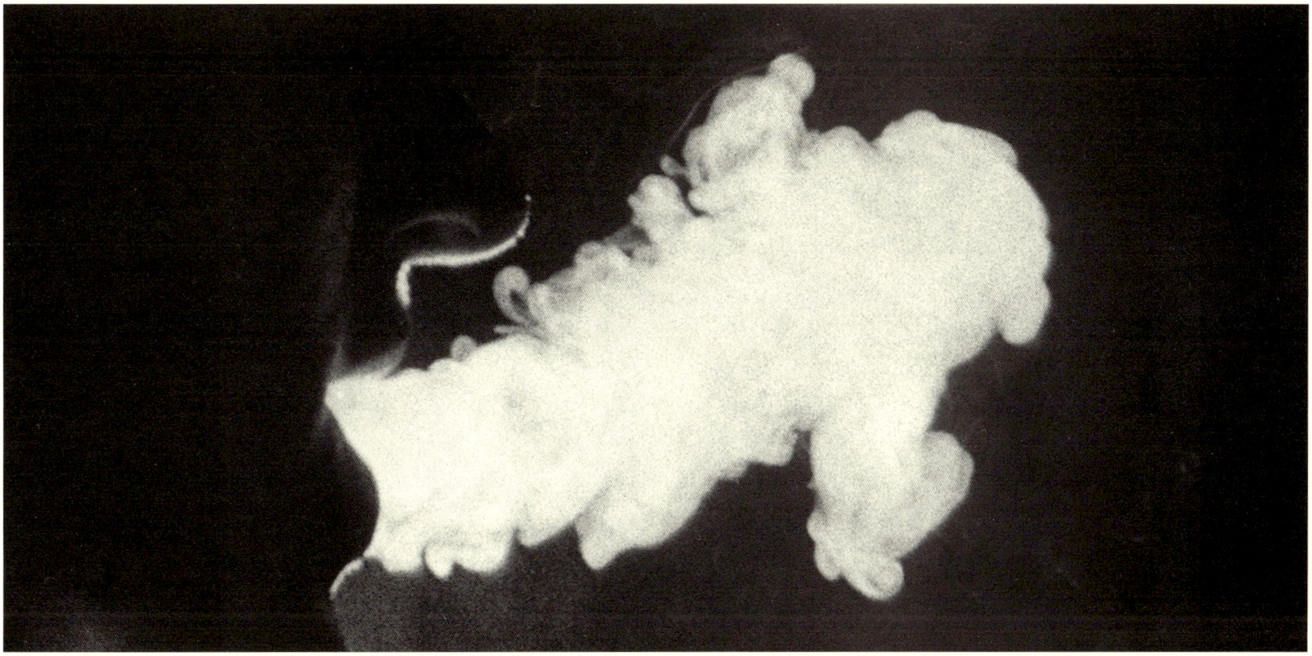

Rauch

# Vokal U

Rauch

Siehe auch Tafel 10 und Tafel 11

# Umlaut Ü

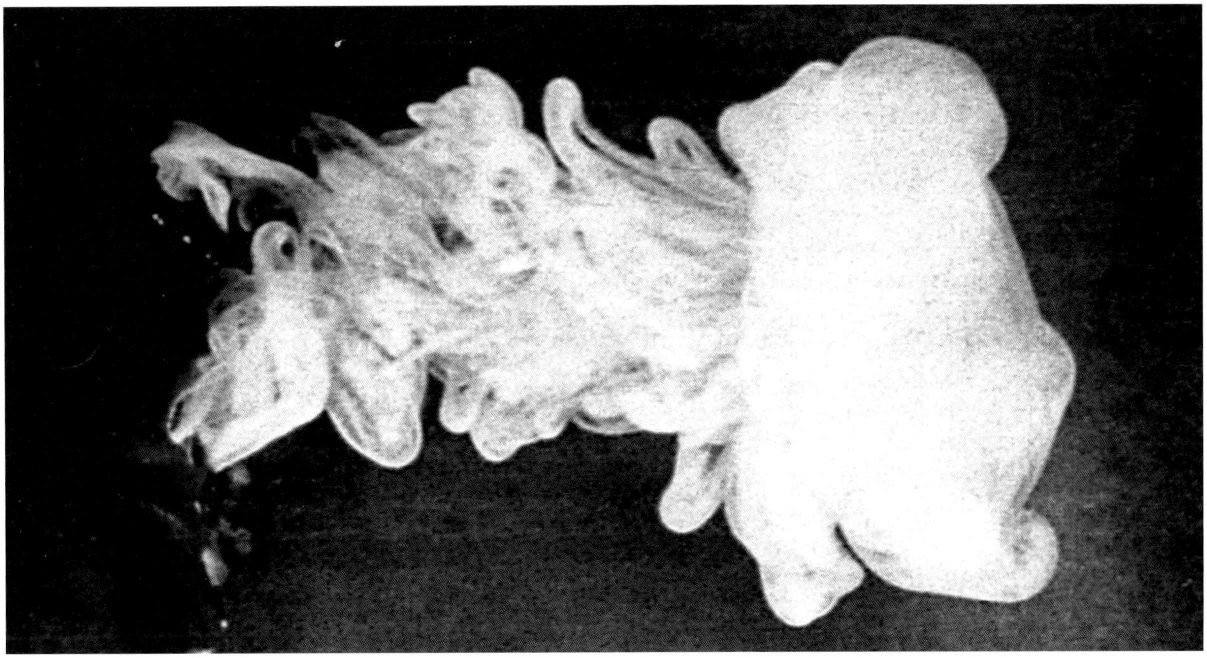

Rauch

Siehe auch Tafel 5

## Diphthong AU

11. Aufnahme (nach ca. 0,34 Sek.), Rauch

# Die Luftformen aller hochdeutschen Laute

## Teil 2:

## Konsonanten



## Silben und Wörter



## Gesungene Laute

# Labialer Verschlußlaut B

Oben: Hauch
Unten: Rauch, 14. Bild

## Labialer Verschlußlaut P im Deutschen überwiegend behaucht gesprochen: p + h

Oben: nach ca. 0,22 Sek.
(7. Bild)
Unten: nach ca. 0,5 Sek.
(16. Bild)
Beide Rauch
Vgl. Tafel 8 und 9

# Dentaler Verschlußlaut D

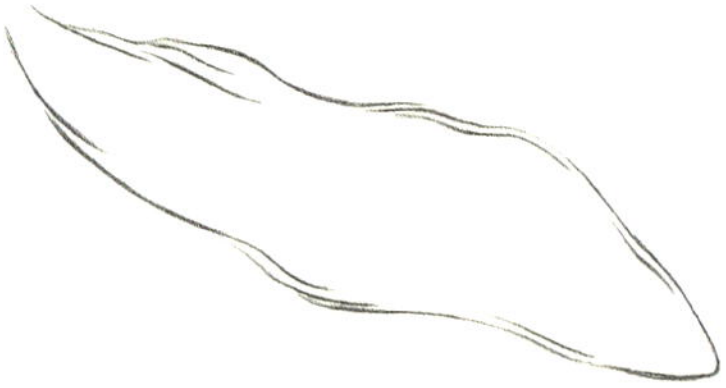

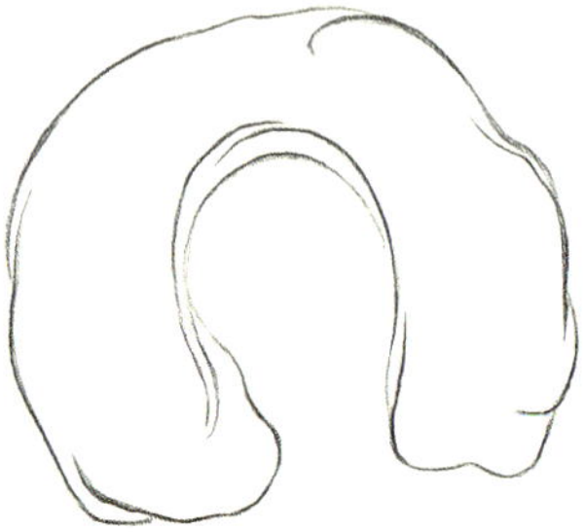

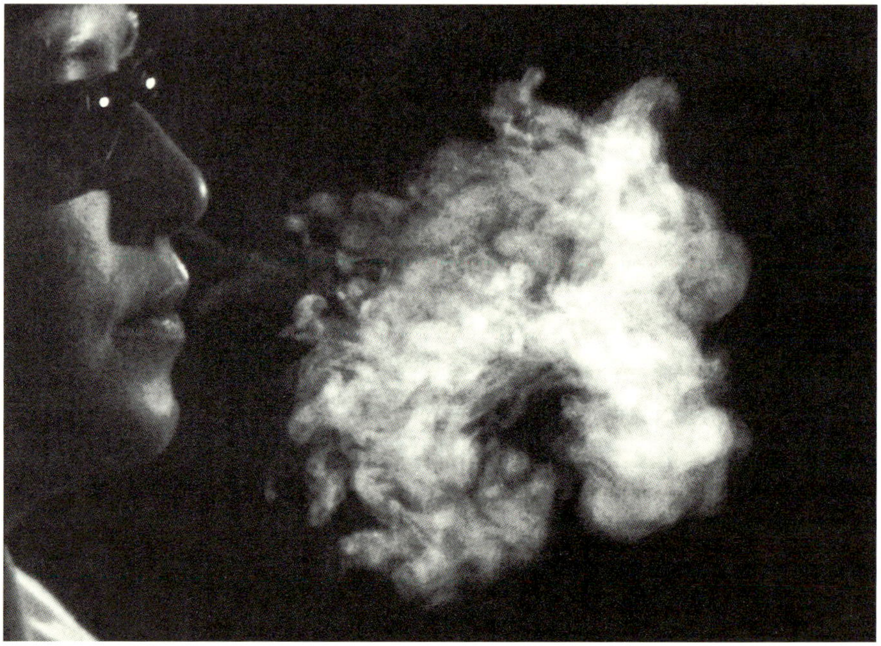

Oben: Hauch
Unten: Rauch (vgl. Tafel 6)

## Dentaler Verschlußlaut T im Deutschen überwiegend behaucht gesprochen: t + h

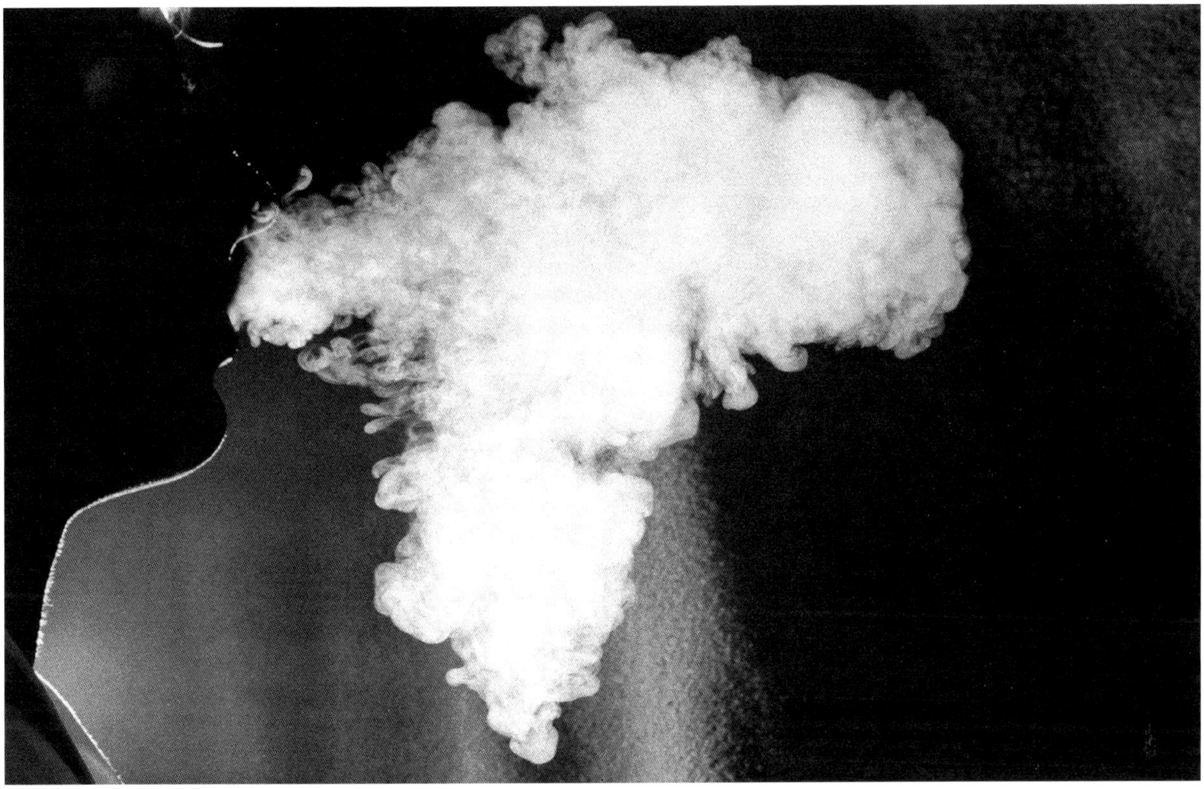

Rauch

# Gutturaler Verschlußlaut G

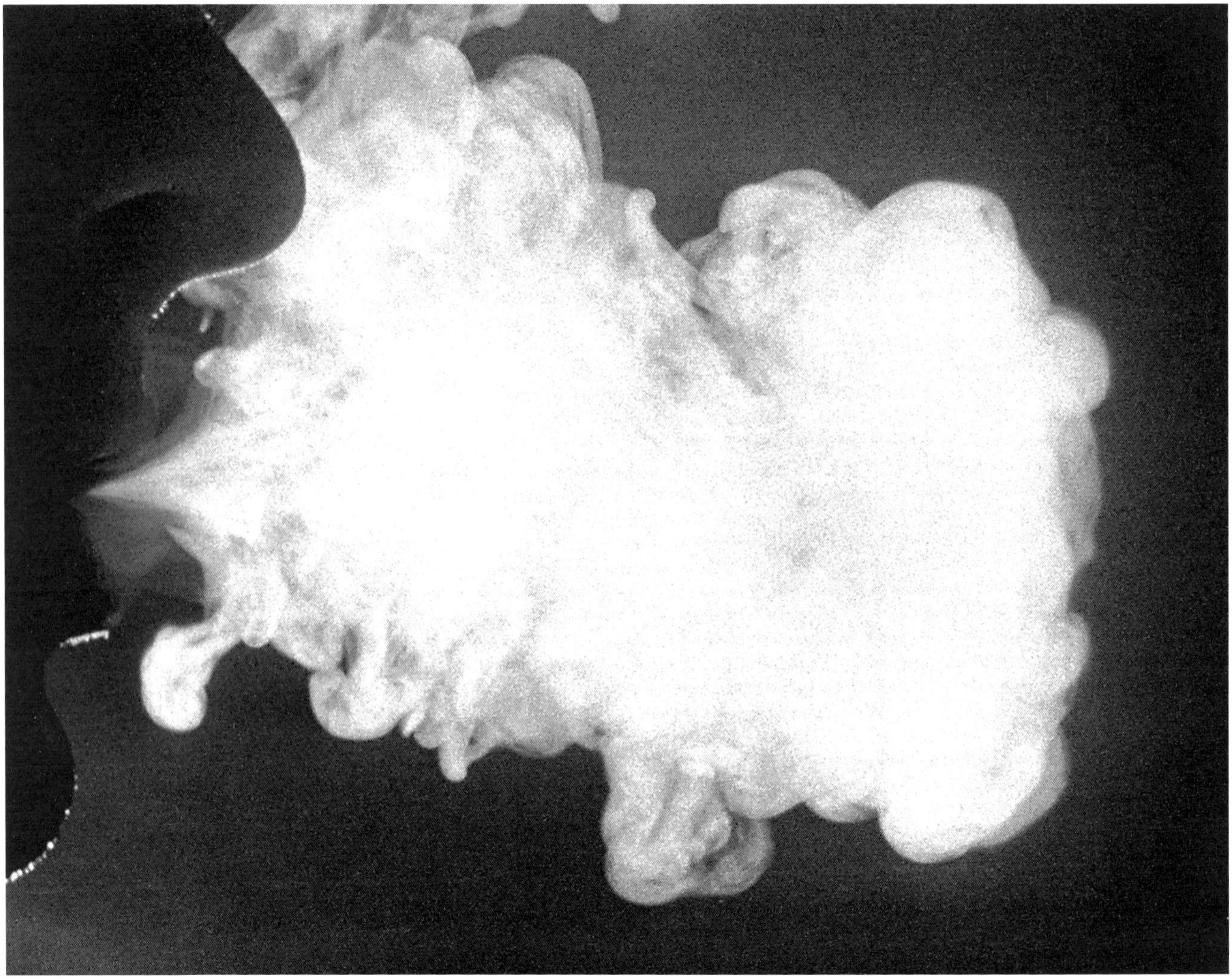

Rauch

## Gutturaler Verschlußlaut K im Deutschen überwiegend behaucht gesprochen: k + h

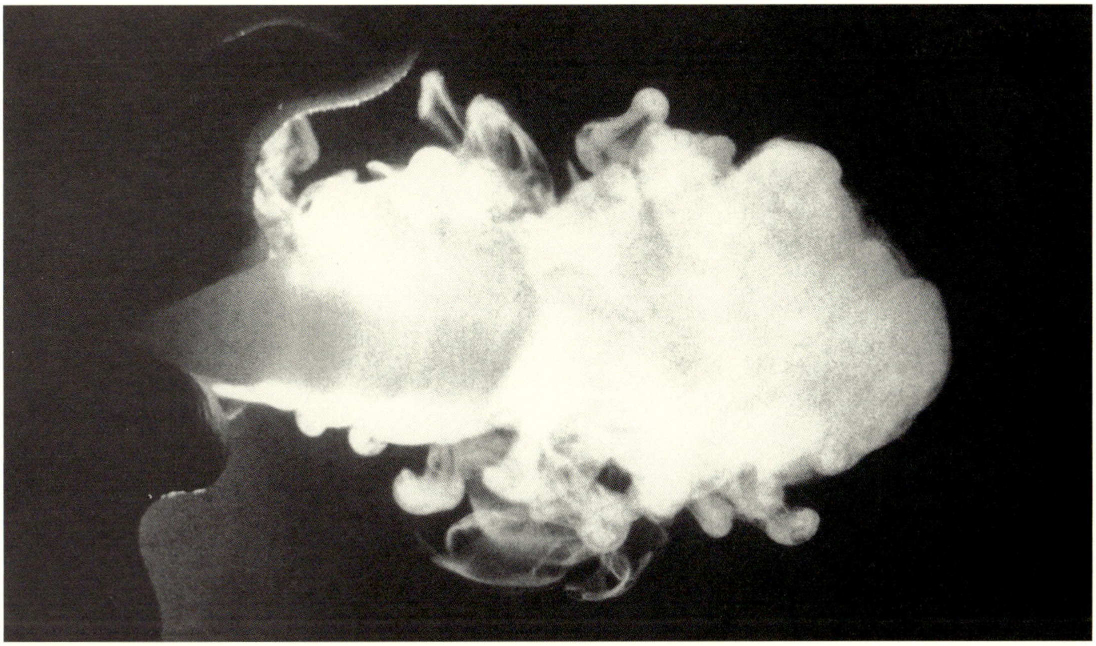

Rauch

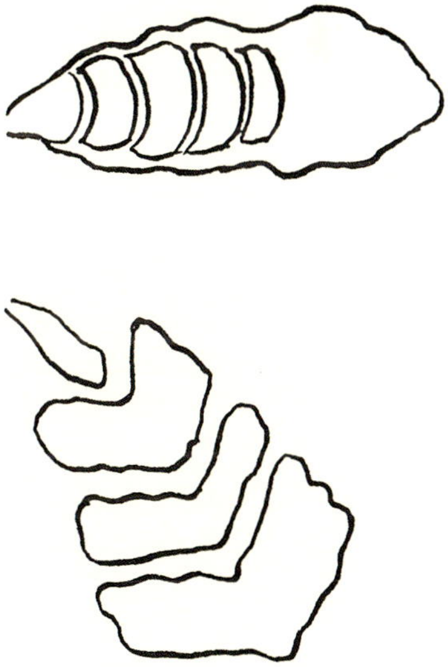

Rauch

# Verschlußlaut K begleitet von Luftwirbeln

Rauch

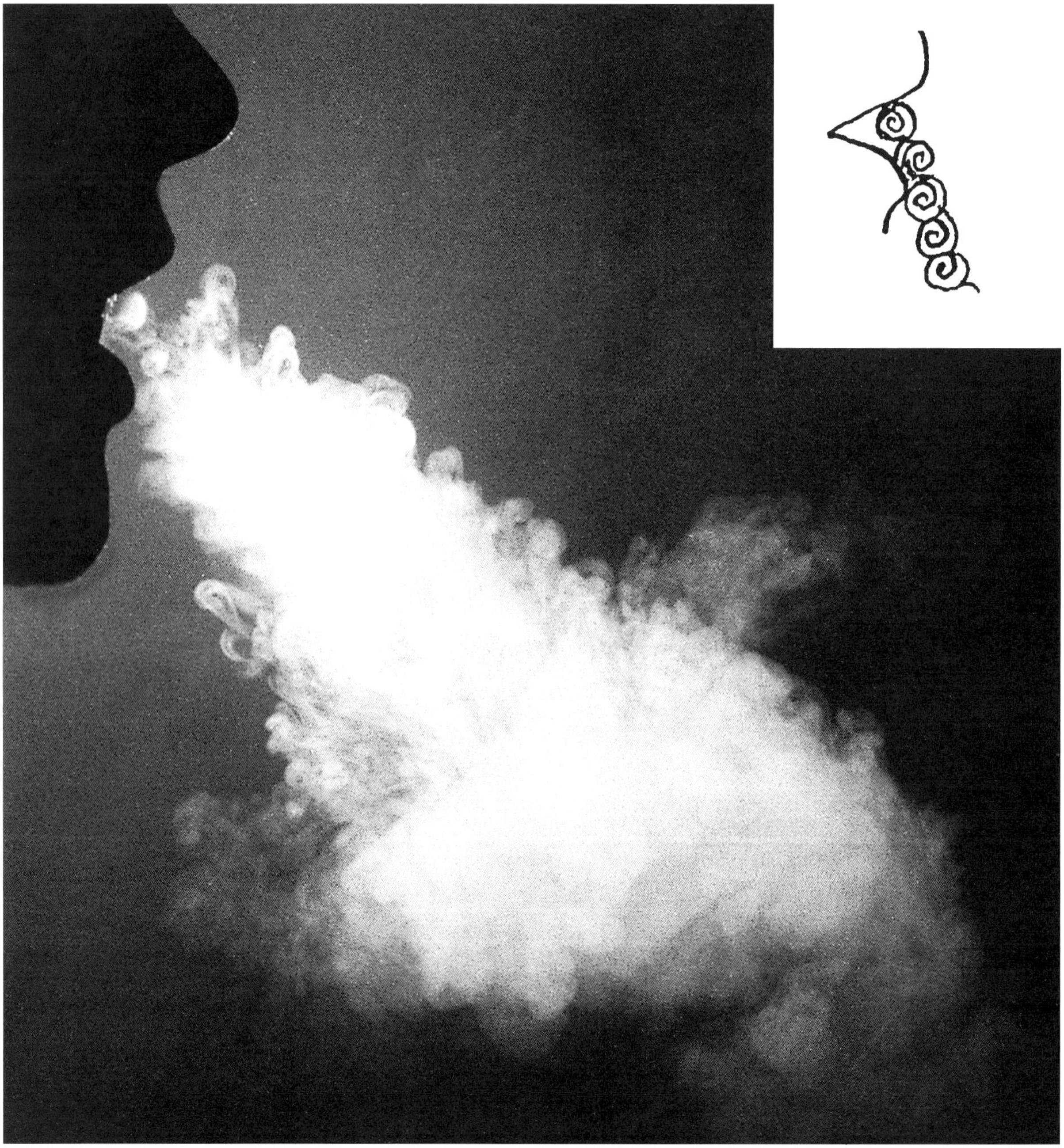

# Hauchlaut H

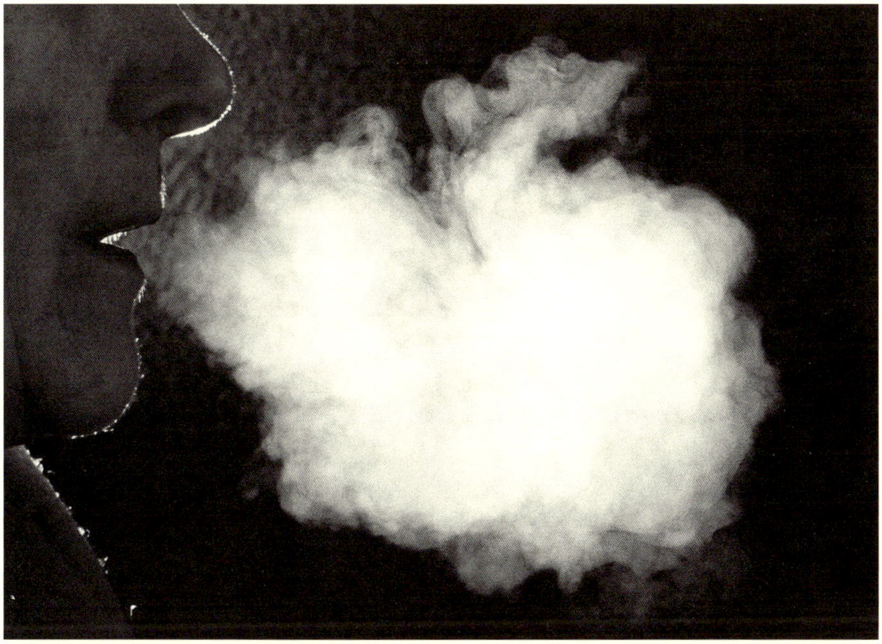

Oben: Hauch
Unten: Rauch
Siehe auch Tafel 14

# Nasallaut M

17. Aufnahme
(nach ca. 0,53 Sek.)

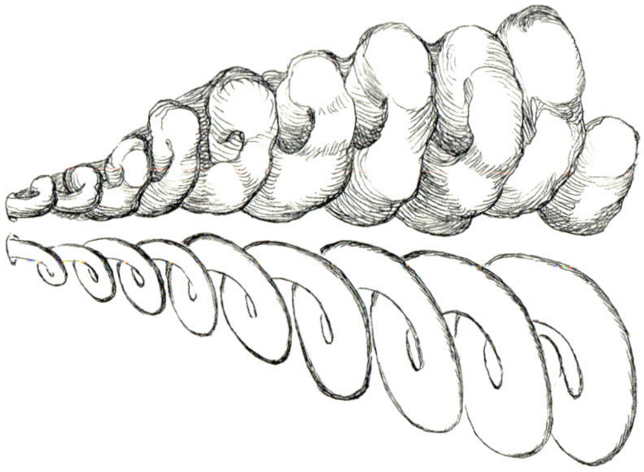

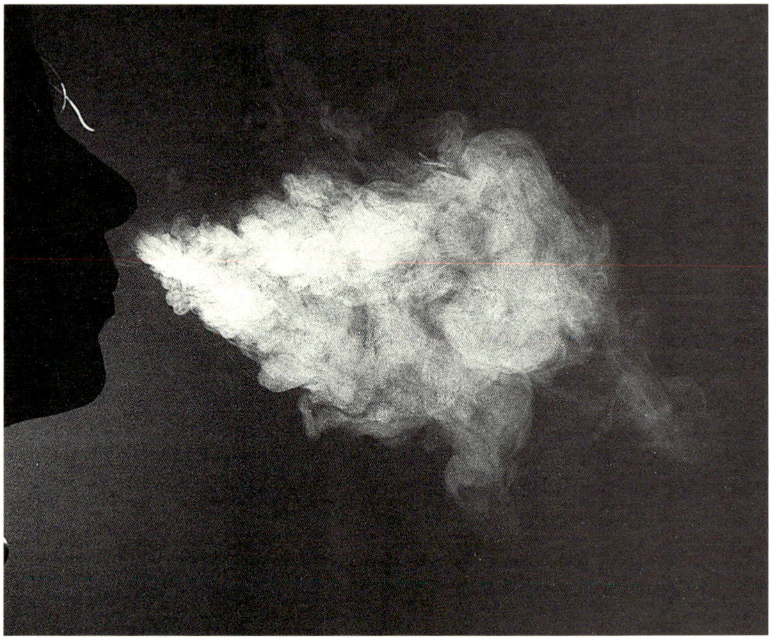

beide Fotos Rauch

# Nasallaut N

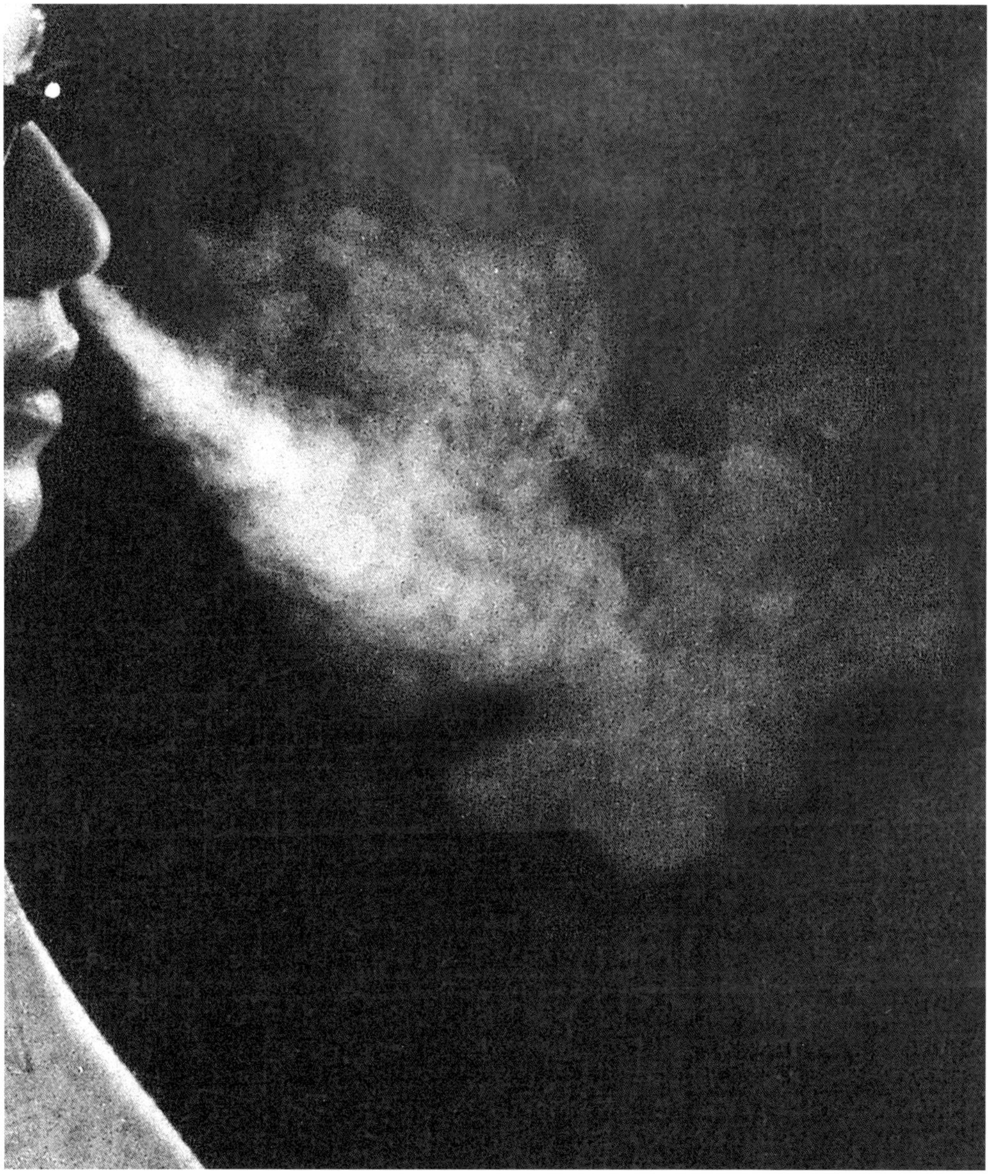

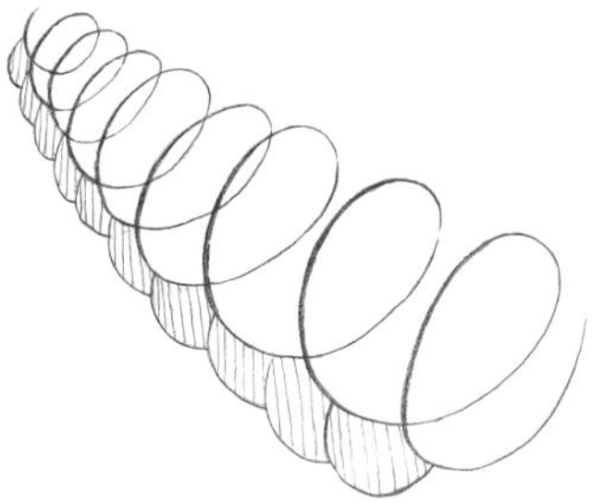

24. Aufnahme (nach ca. 0,75 Sek.), Rauch

# Liquida L

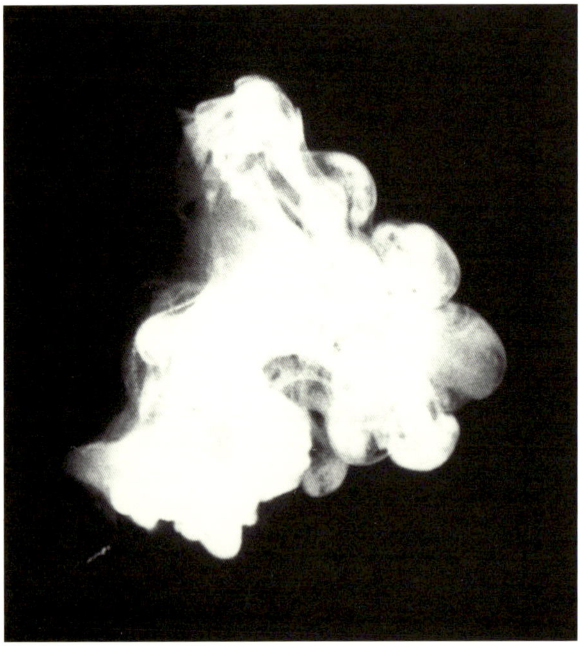

Von oben fotografiert

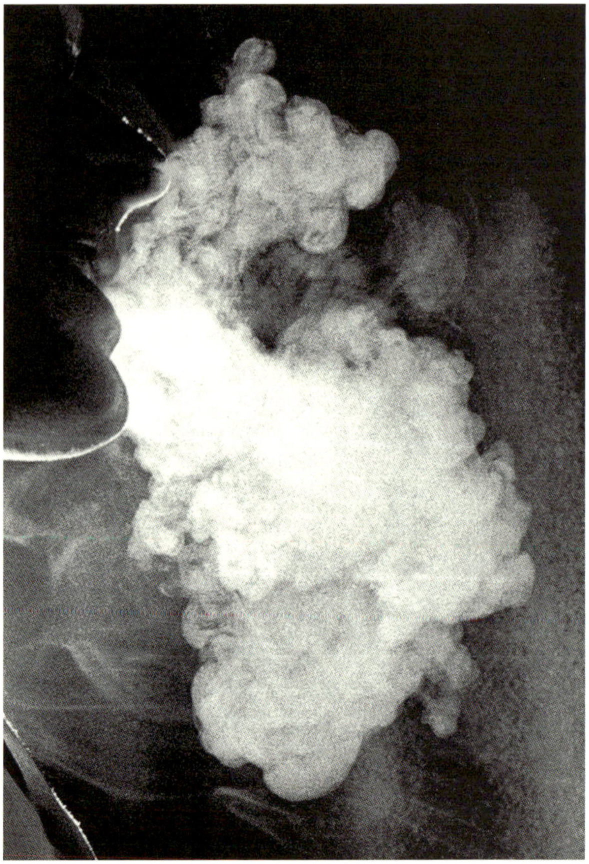

Rauch

# Liquida R mit der Zungenspitze gesprochen

Rauch

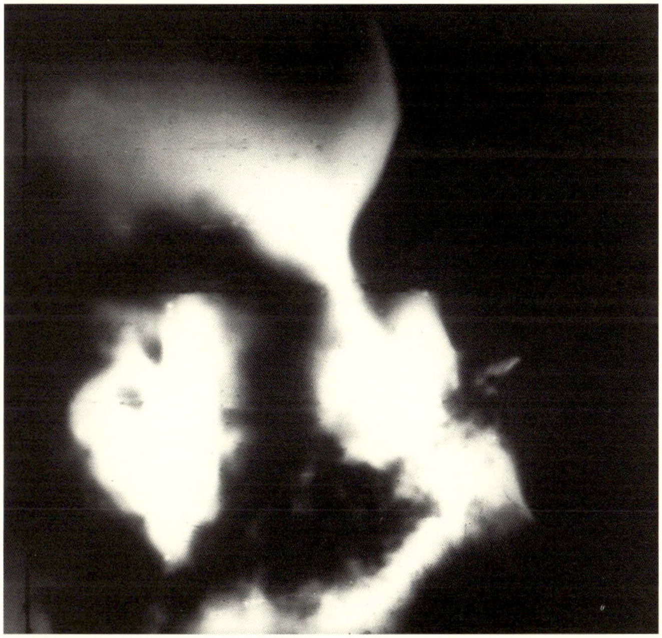

Interferometer-Aufnahme (1/10.000 Sekunde) eines einzelnen Luftwirbels zwischen den Lippen beim Sprechen eines Zungenspitzen-R

## Liquida R am Gaumen gesprochen

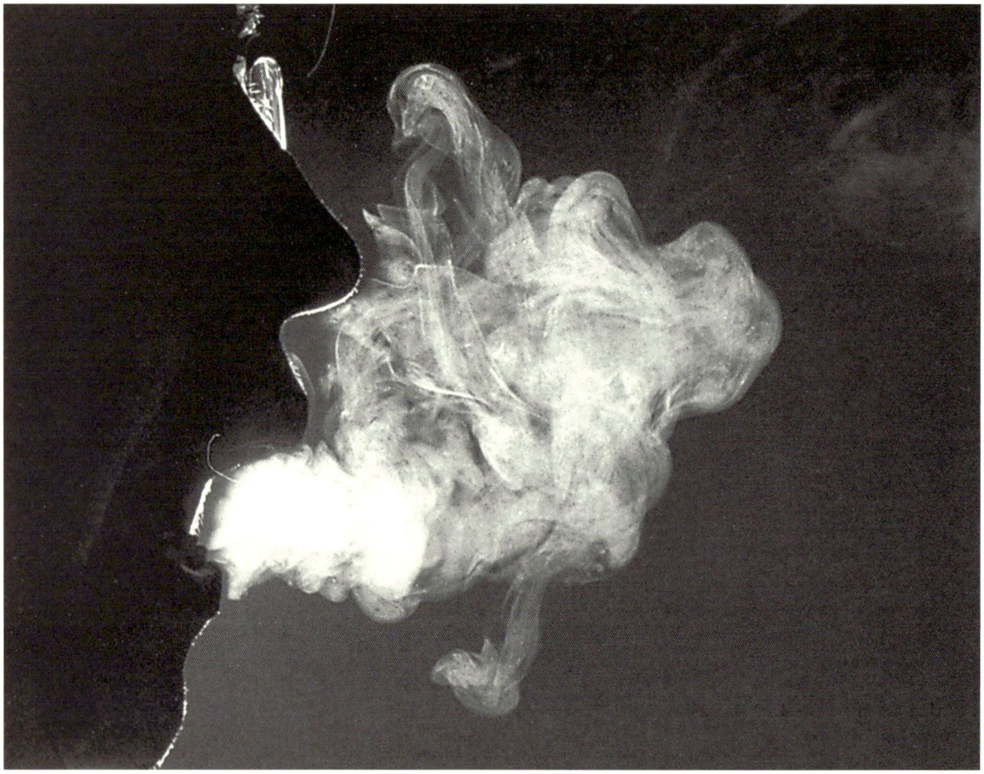

Rauch Vgl. die Tafeln 2, 16, 18

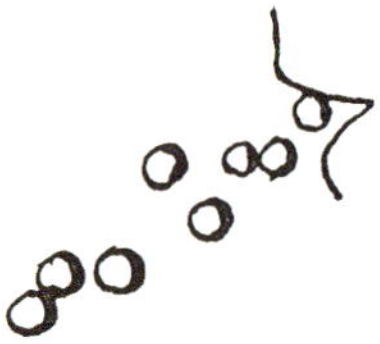

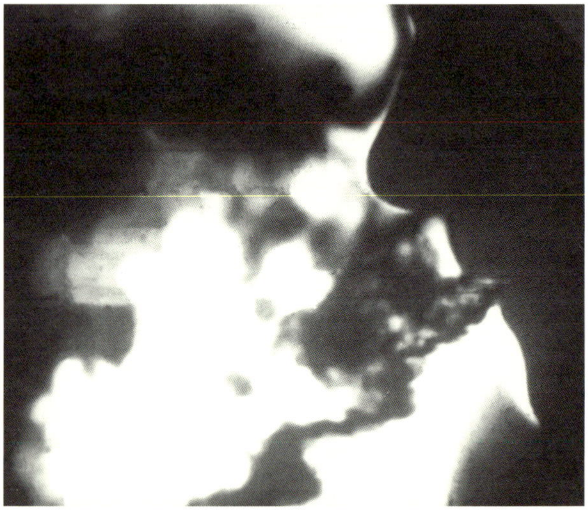

Interferometer-Aufnahme: Luftperlen strömen beim Sprechen des Gaumen-R aus dem Mund

## Halbvokal J (stimmhafter Reibelaut)

Rauch

## Halbvokal W (stimmhafter Reibelaut)

14. Aufnahme (nach ca. 0,44 Sek.), Rauch

Tafel 45

# Stimmhafter Reibelaut W

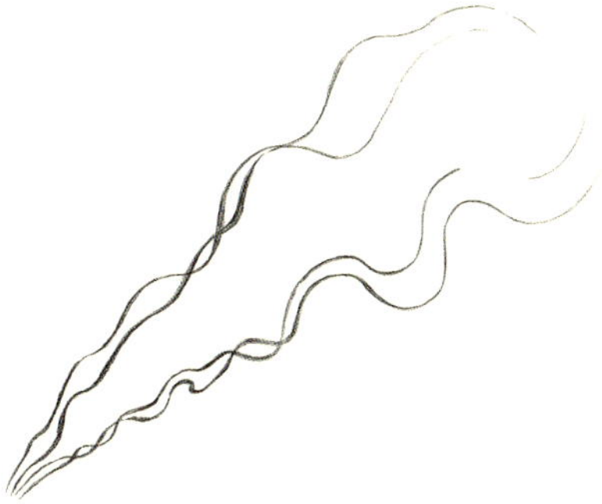

Rauch. Siehe auch Tafel 7

# Stimmloser Reibelaut F oder V

Rauch

Tafel 46

# Reibelaut S

Stimmloses S wie in «Hast», Rauch

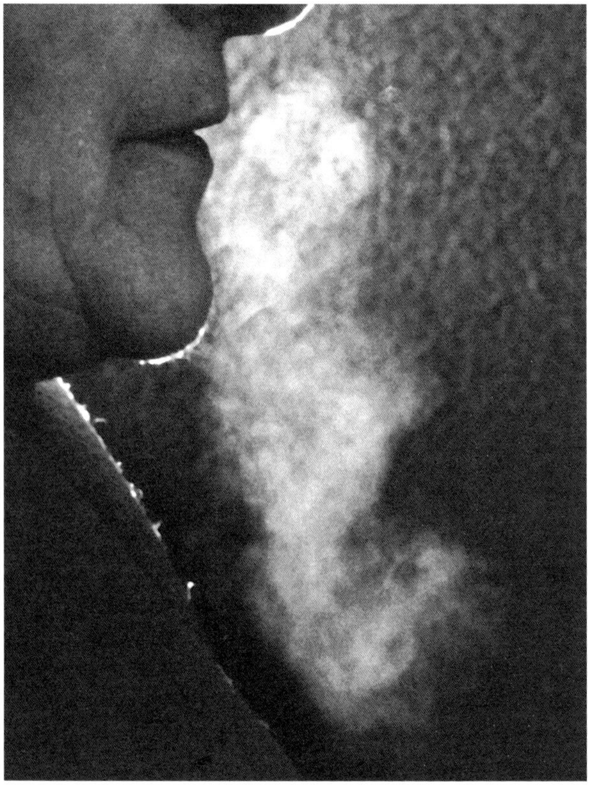

Stimmhaftes S wie in «Hase», Hauch

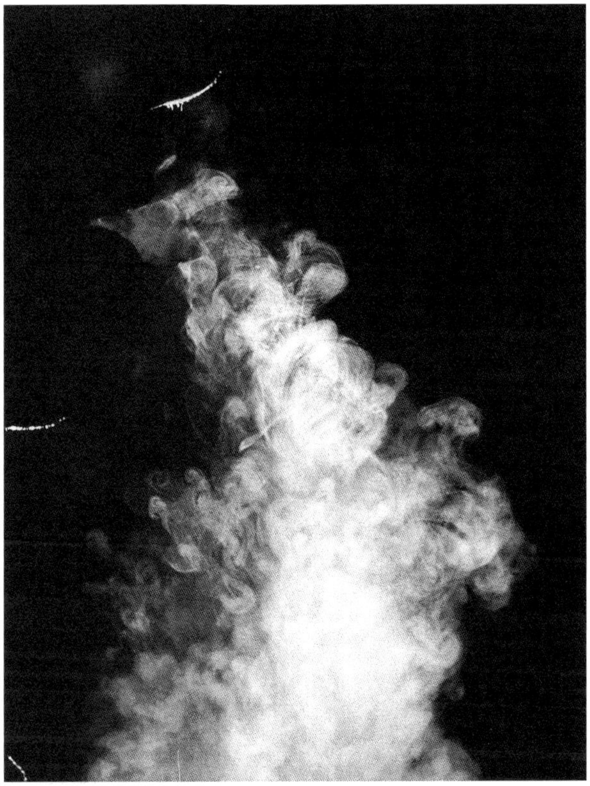
Stimmhaftes S, Rauch

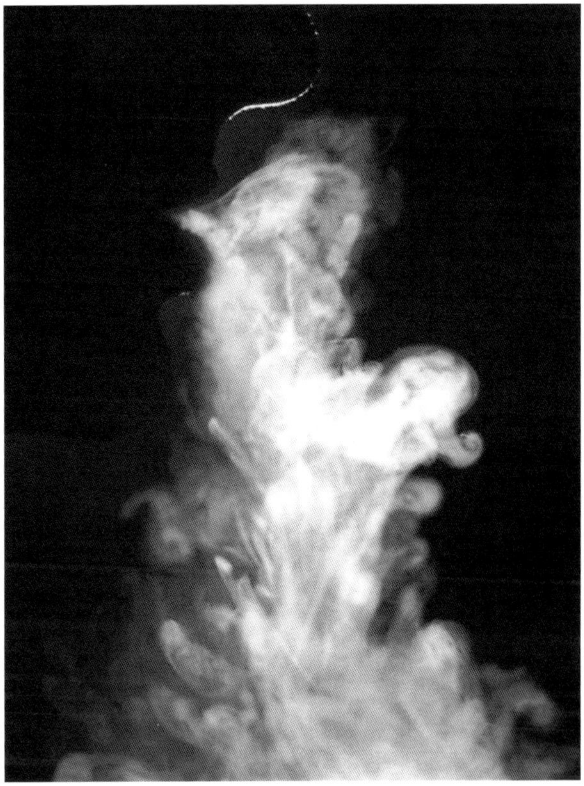
Stimmloses S, Rauch

# Reibelaut SCH wie in «schön»

Rauch

## **Reibelaut CH** in zwei Formen

CH wie in «ich», Rauch

CH wie in «ach», Rauch

Vgl. Hauchlaut H auf Tafel 38

## Konsonant C = weiches d + s

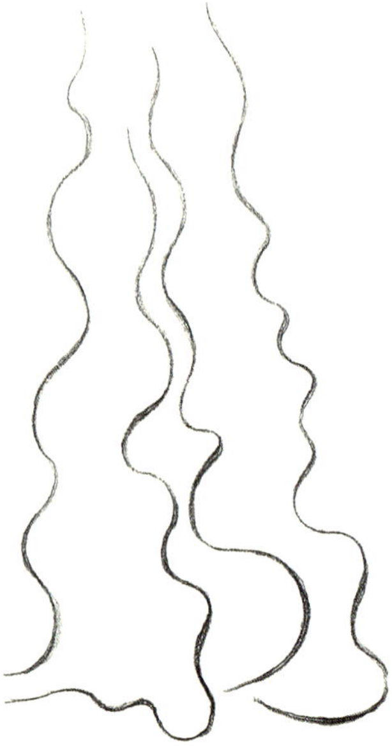

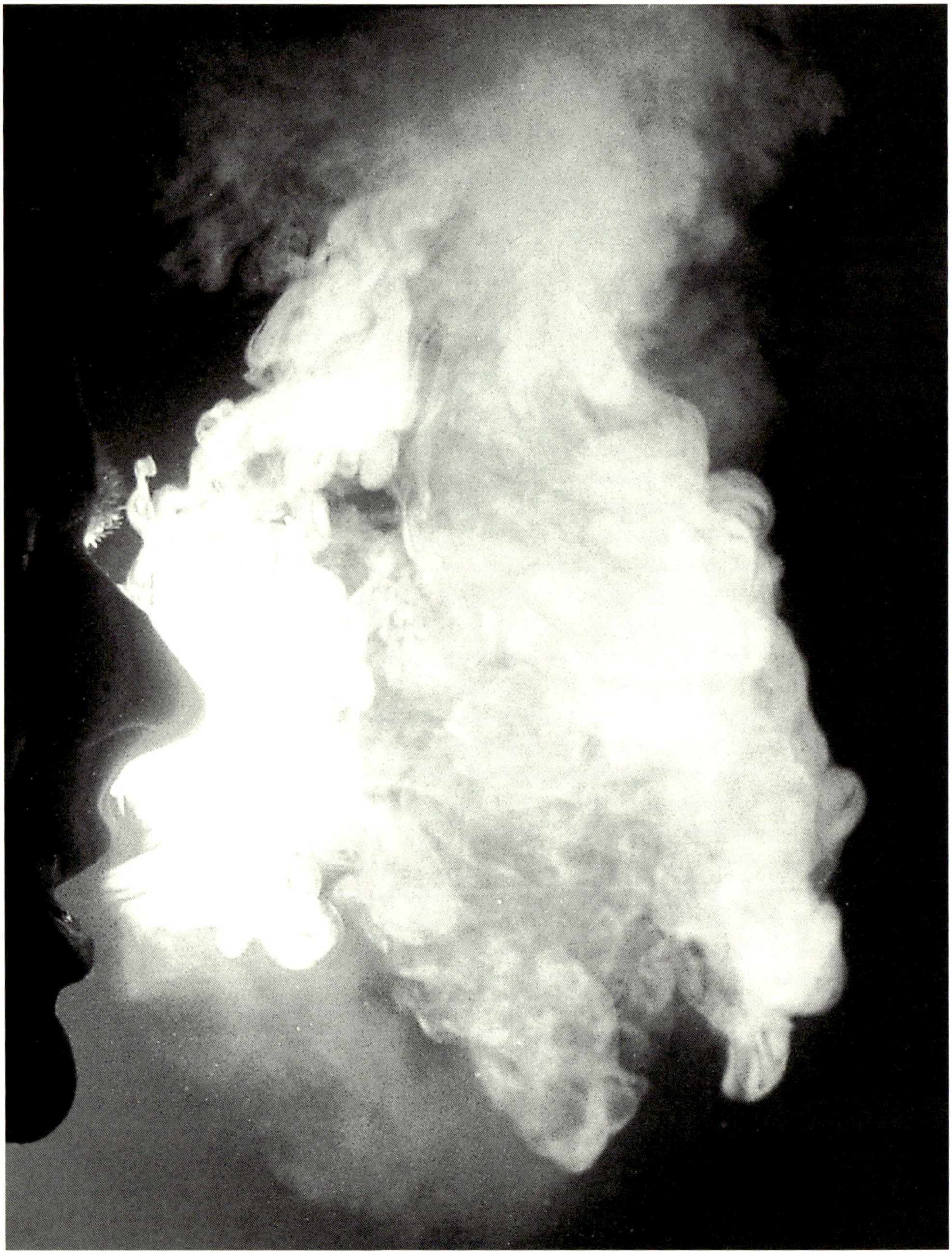

Rauch

## Konsonant Z = scharfes t + s wie in «Zaun»

Hauch

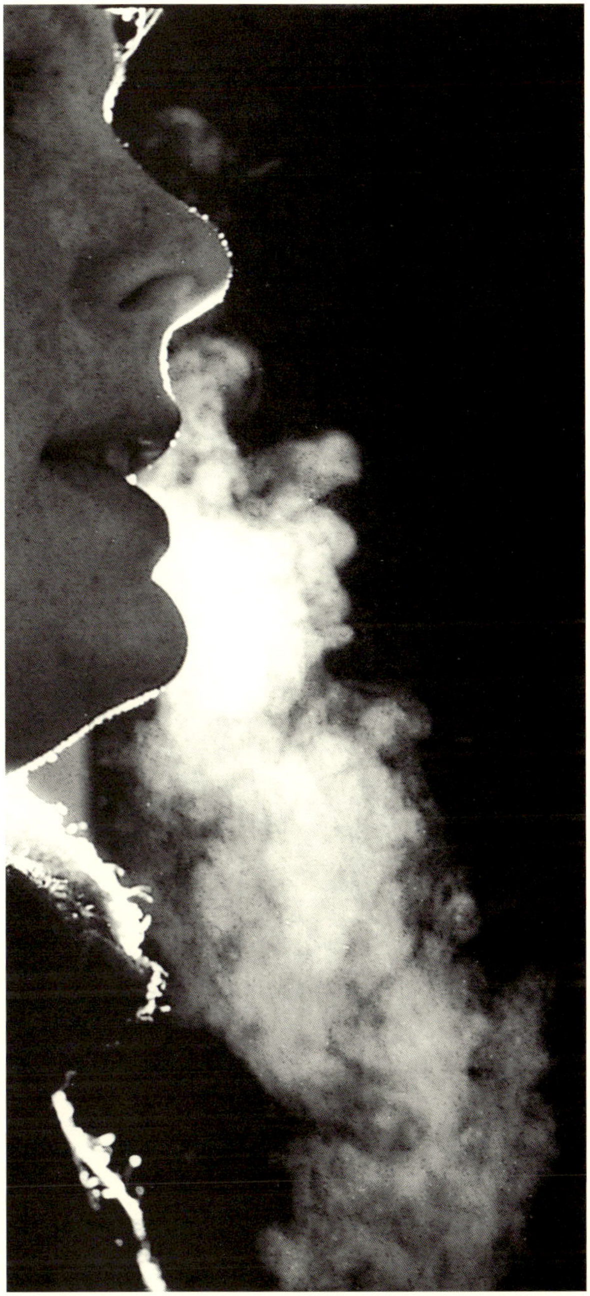

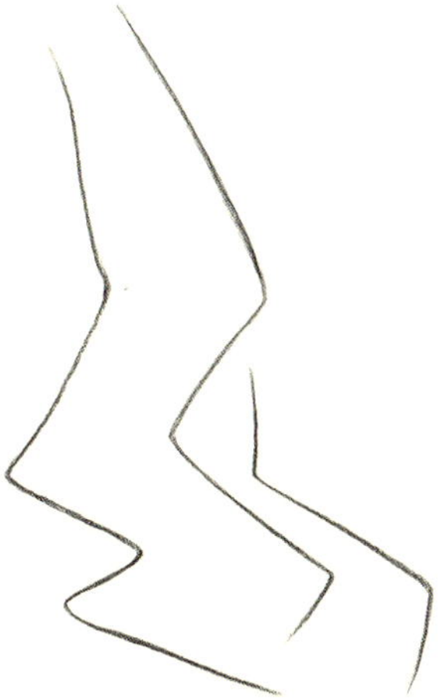

Rauch

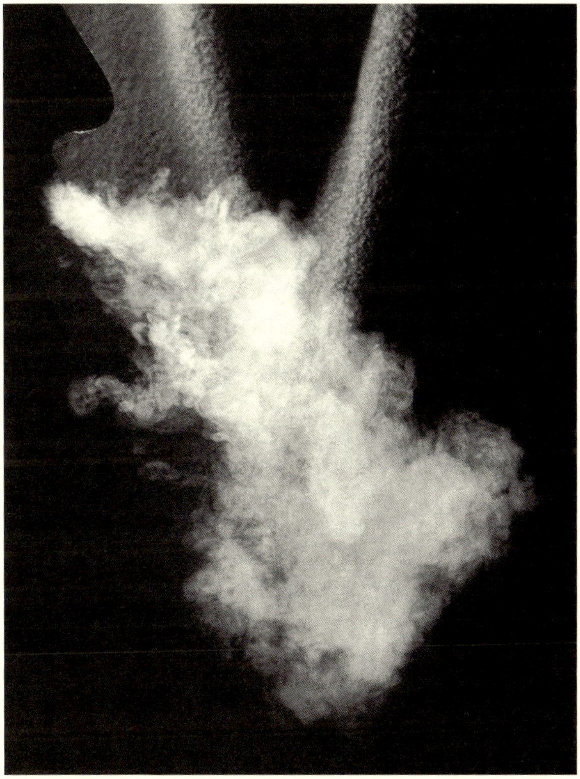

## Konsonant X = scharfes k + s wie in «Hexe»

Rauch

# Konsonantenverbindung HS

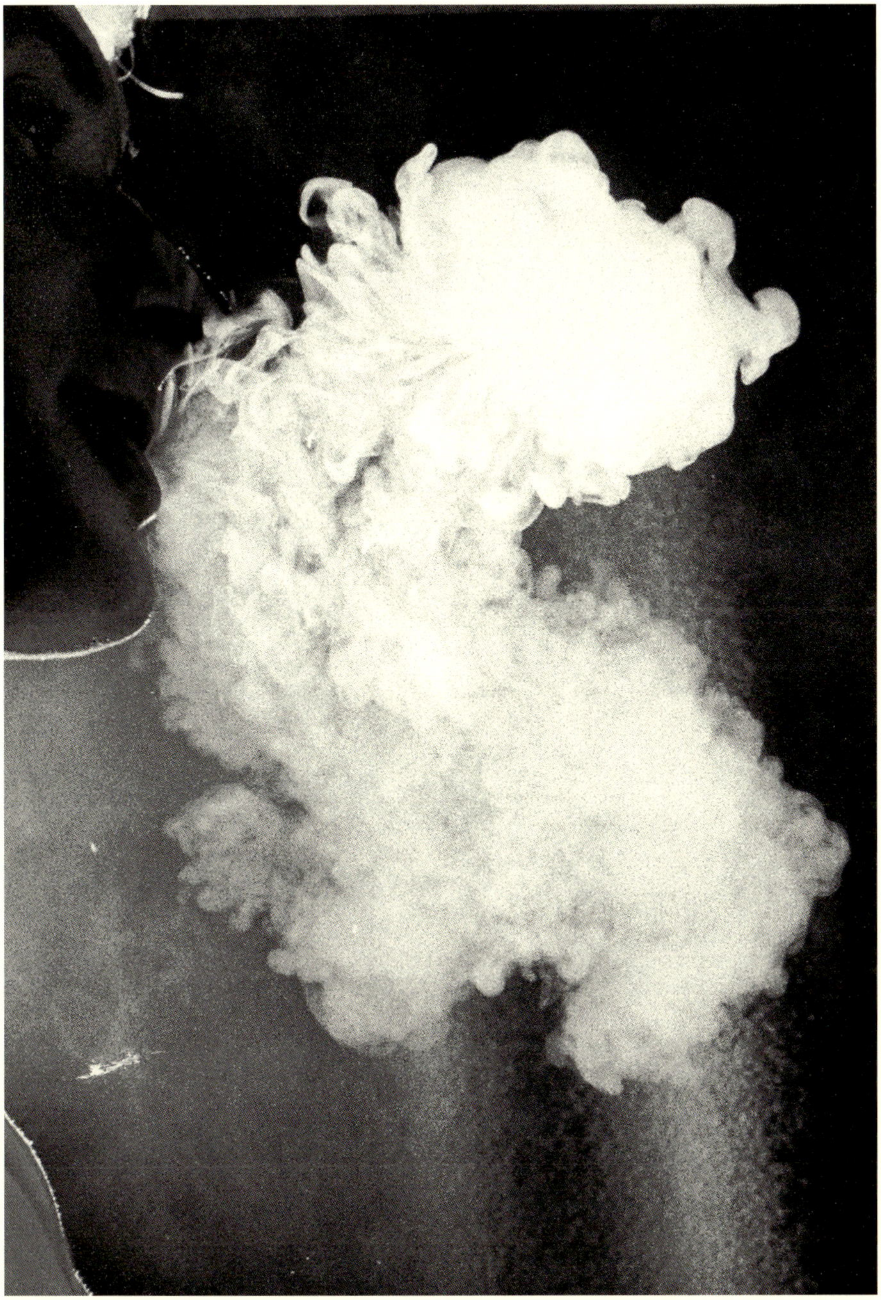

Rauch

Hauch

# Konsonantenverbindung GR

Rauch

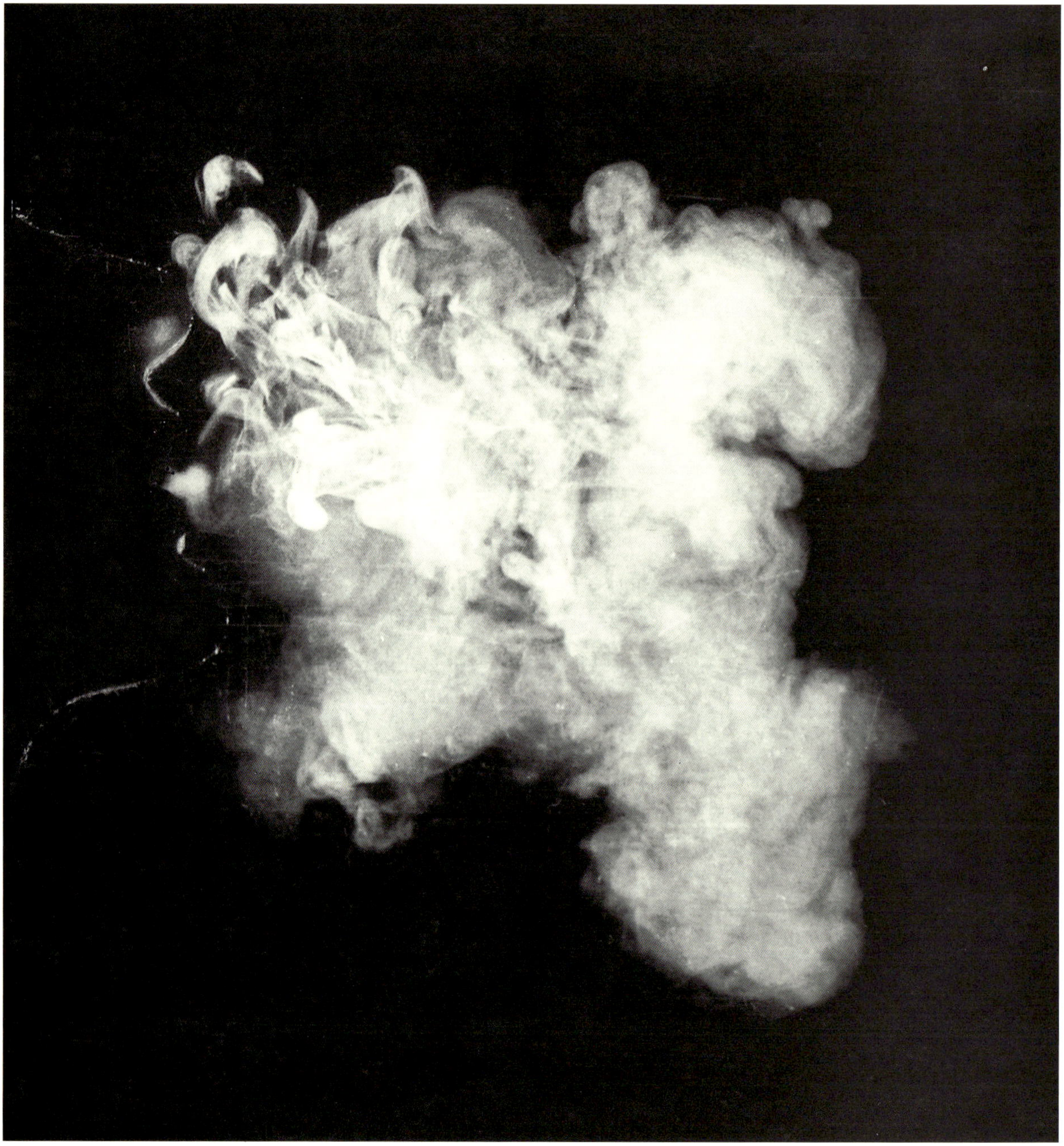

# Silbe BA

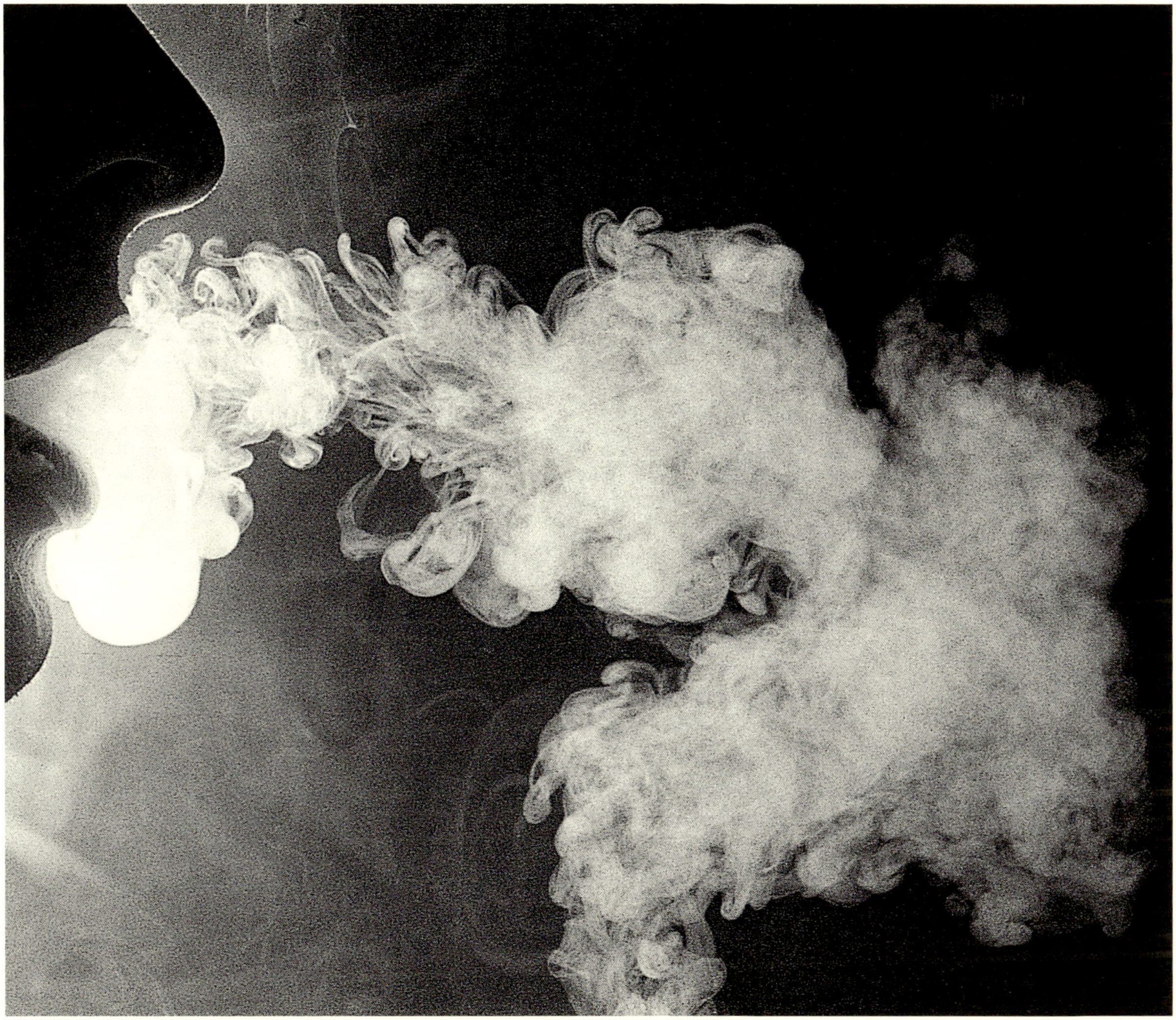

Rauch

## Silbe WA

Hauch

## Silbe WE

Rauch

## Silbe HA

Rauch

## Silbe UM

Hauch

## Silbe KU

Rauch

# Silbe BE

Rauch

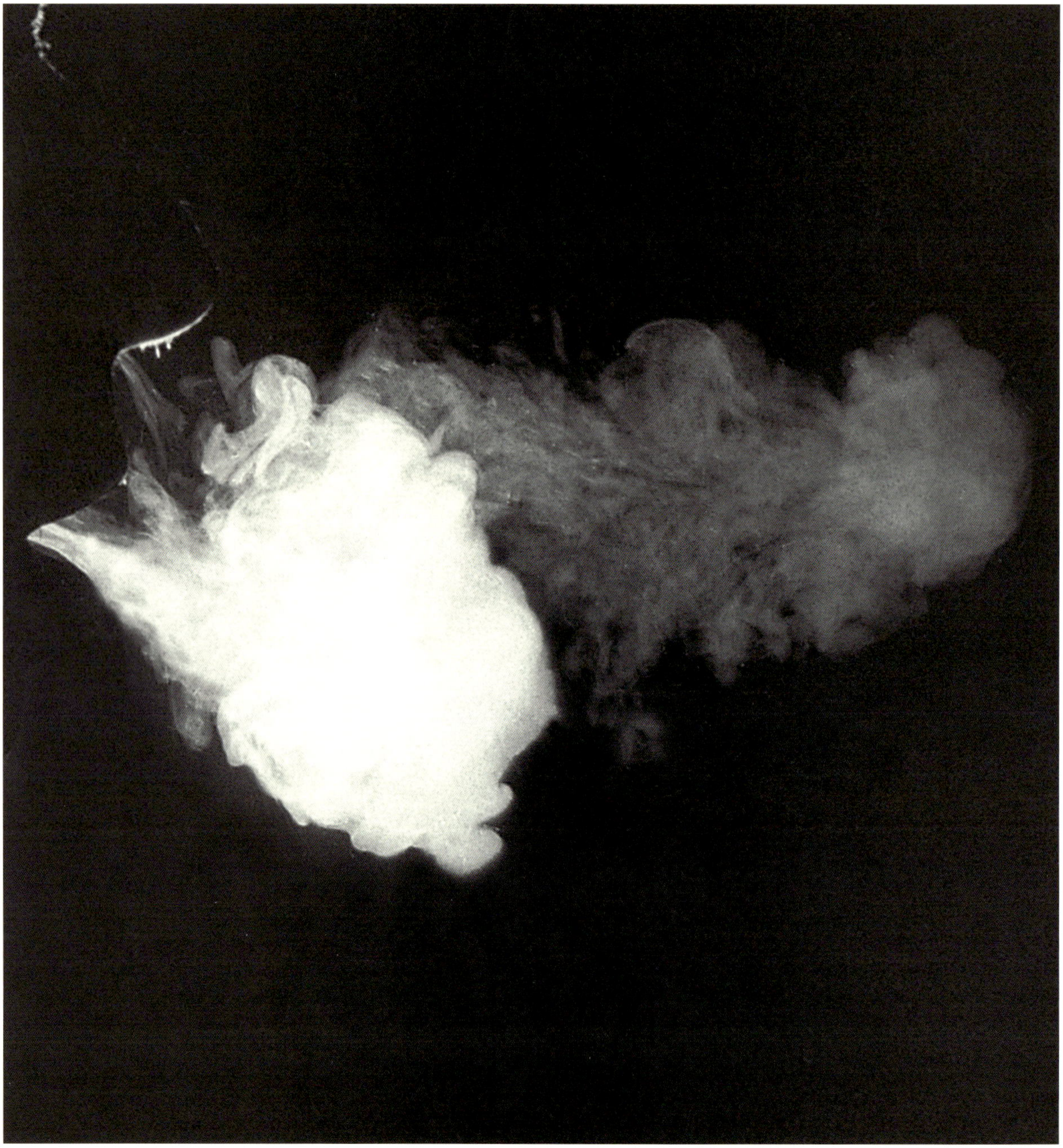



**Tafel 59**

## Silbe RA

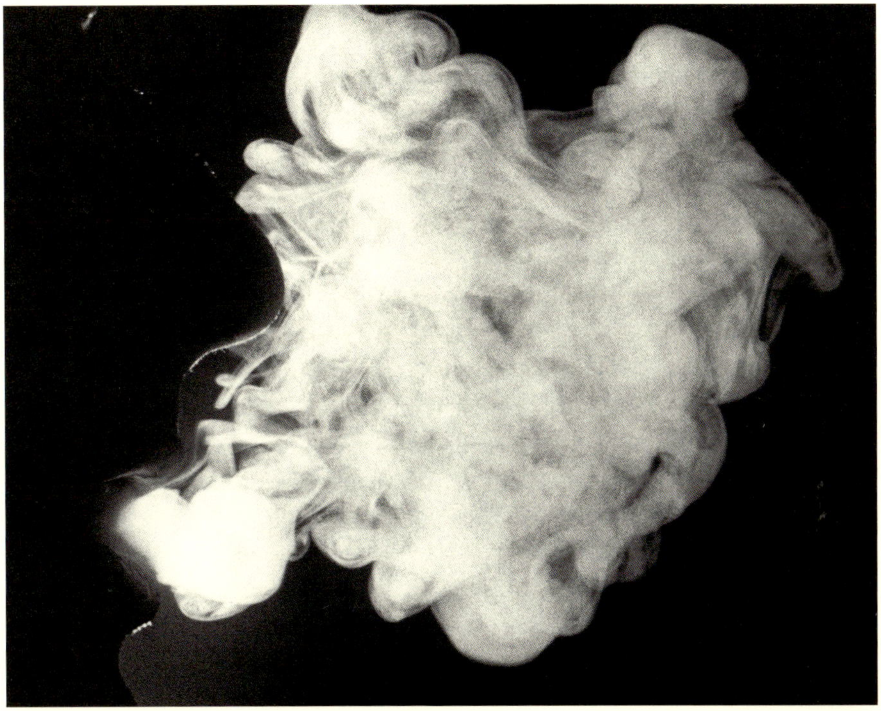

Rauch

## Silbe JO

Rauch

# Das Wort «Ach»

Rauch

# Das Wort «Ruh»

Rauch

## Das Wort «Ich» gesprochen von zwei verschiedenen Sprecherinnen (Rauch)

Tafel 64

# Das Wort «Lust»

Rauch

# Das Wort «Berg»

Rauch

## Vokal A, Tonhöhe a''

Rauch

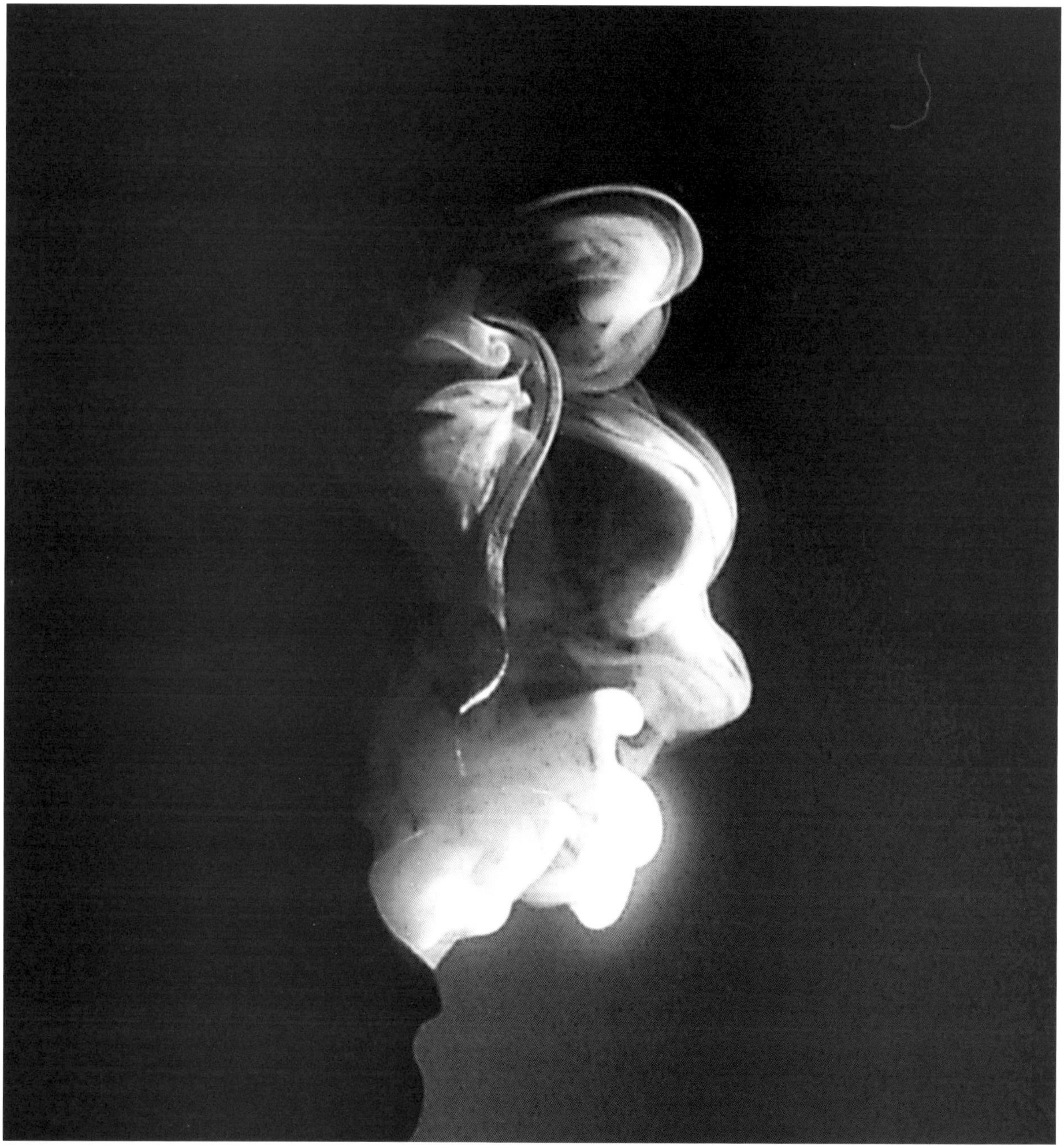

## Vokal A, Tonhöhe c''

Rauch

## Gesungene Laute Verschieden hohe Töne, gesungen auf den Vokal O

**Vokal O**
**Tonhöhe d'**

Rauch

**Vokal O**
**Tonhöhe e'**

Rauch

## Vokal O, Tonhöhe h'

Tafel 70

## Eine Demonstrationstafel von Johanna Zinke

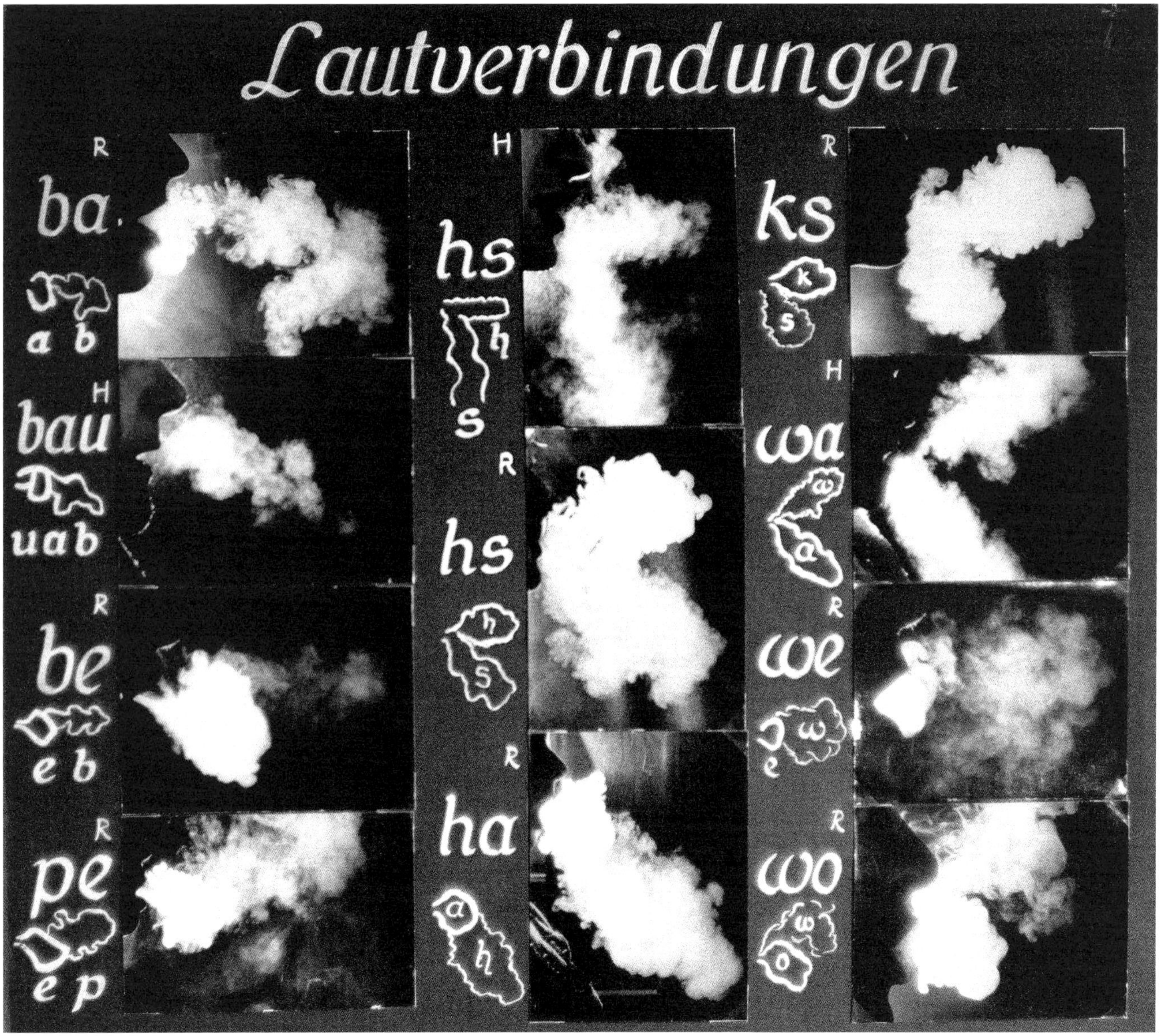

Sonja Schaeffer

# Erläuterungen zu den Bildtafeln

## unter Verwendung von Notizen J. Zinkes

### Tafel 1

Eine Hauch- und eine Rauchaufnahme, von zwei Personen gesprochen, zeigen dieselbe Gestalt. Das J verläßt den Mund schmal und nimmt stetig an Volumen zu. Verglichen mit der Rauchmethode erscheinen die Bilder nach dem Kondensationsverfahren zart und durchsichtig. Die Grenze zur umgebenden Luft ist weich.

### Tafel 2

Eine Schlieren- und eine Rauchaufnahme des Zungen-R, von zwei Personen gesprochen, zeigen ebenfalls die gleiche Gestalt. Während das Rauchbild das Innere der Form erkennen läßt, zeigt das Schlierenbild mehr die Grenze zur umgebenden Luft.

### Tafel 3

Das A als Schlieren- und als Rauchbild wurde von zwei Personen gesprochen. Der Unterschied zwischen den beiden Verfahren wird hier noch deutlicher.

### Tafel 4

Die beiden oberen Bilder der Laute L und E wurden von derselben Person «geblasen». Trotz fixierter Mund- und Zungenstellung entsteht keine Form mit innerer Struktur, im Gegensatz zu den mit Impuls gesprochenen Lauten auf den Bildern unten. Letztere wurden von verschiedenen Personen gesprochen. Man beachte im besonderen die Abweichung der Strömungsrichtung der «geblasenen» von den gesprochenen Lauten (vgl. Tafel 13, dazu auch die Ausführungen von J. Zinke auf S. 63).

### Tafel 5 - 11

Die Tafeln zeigen den Strömungsprozeß der Laute Ü, D, W, P und O, A und U. Es handelt sich um Lauffilme. Die Sprecherin war Dozentin für Sprecherziehung für Gehörlosenlehrer. Es ist gut zu verfolgen, wie die Formen entstehen, einen Höhepunkt erreichen – bei dem sie ihre größte Ausgestaltung erfahren – und wieder vergehen. Der Höhepunkt der Vokale liegt zeitlich später als der der Konsonanten (siehe die Tafeln 6, 7, 9 und 11).

Das Ü entwickelt sich kontinuierlich bis zum 22. Bild und erreicht hier seinen Höhepunkt nach 0,69 s. Beim 27. Bild löst sich die Form vom Munde ab und beginnt sich aufzulösen. Das D erreicht schon beim 13. Bild, das W erst beim 14. Bild seinen Höhepunkt.

Das W vollzieht vom 9. zum 12. Bild eine Änderung der Strömungsrichtung von schräg oben zur Waagerechten. (Zum Strömungsprozeß von O – P und A – U siehe die Ausführungen von J. Zinke auf S. 66 ff.).

### Tafel 12

Aufnahmen von verschiedenen Seiten tragen zum Verständnis der räumlichen Gestalt der Luftformen bei. So zeigt das EU, von der Seite und von oben aufgenommen, gesprochen von derselben Person, deutlich denselben Charakter. Man vergleiche das A von oben mit dem A von der Seite auf S. 58 (Abb. 1 links) und Tafel 15 (unten links). Zu vergleichen ist auch Tafel 41: Der Laut L von der Seite und von oben.

### Tafel 13

Die Tafel ist eine Montage. Sie soll die Strömungsrichtung von 5 Vokalen und 10 Konsonanten zeigen. Die Gestaltentwicklung muß anhand des Lauffilms, die Struktur an Vergrößerungen studiert werden. Siehe dazu auch den Aufsatz von Johanna Zinke oben S. 63 ff. sowie Tafel 4.

### Tafel 14 - 15

Beide Tafeln demonstrieren die Reproduzierbarkeit der Luftlautformen. In Tafel 14 stehen nebeneinander drei Versionen eines H von derselben Sprecherin. Die Formen stimmen auch in kleinen Details überein. Tafel 15 zeigt am Laut A, daß die Formen auch dann ihre charakteristische Gestalt annehmen, wenn sie von verschiedenen Personen gesprochen werden.

### Tafel 16 - 18

Die Luftlautformen erfahren durch verschiedene seelische Intentionen beim Sprechen eine Veränderung, insbesondere bei der Strömungsrichtung. Weiter zeigen die Bilder die Verwandtschaft des R als Halbvokal zu dem Vokal A. Zum Vergleich ziehe man das Bild der Lautverbindung RA (Tafel 60) hinzu.

### Tafel 19

Das A hat keine ausgesprochene Strömungsrichtung und dehnt sich nach allen Seiten gleichmäßig aus. Eine Schalenbildung folgt auf die andere und wird zur sphärischen Form. Die Bilder nach der Rauch- und nach der Schlierenmethode sind fast gleich groß. Das beweist, daß sie ungefähr in derselben Entwicklungsphase aufgenommen wurden.

### Tafel 20

Das E bildet im Gegensatz zu der runden Form des A von der Seite gesehen eine dreieckige Form. Die Zeichnung veranschaulicht, wie die Dreiecksform räumlich vorzustellen ist.

### Tafel 21

Das Schlierenbild des Ä zeigt die dem E-Charakter des Lautes entsprechende dreieckige Form. Diese ist auch im Inneren des Rauchbildes deutlich zu erkennen. Das von oben aufgenommene Ä veranschaulicht ebenso wie das von der Seite aufgenommene die abschließende Fläche des Dreiecks. Runde Buckel- und Schalenbildungen weisen auf den A-Charakter des Lautes hin.

### Tafel 22

Die Gestalt des I ist keulenförmig. Im Gegensatz zum A besitzt es eine deutliche Strömungsrichtung nach schräg unten.

### Tafel 23

Beide Laute des AI sind zu erkennen: Das A hat sich noch nicht vom Munde gelöst, während das I bereits hindurchstößt. Dies liegt an den verschiedenen Strömungsrichtungen von A und I (siehe auch die Erläuterung zum AU, Tafel 30) und an der stärkeren Stoßkraft des I.

### Tafel 24 - 25

Die vier Stadien, die das O in seiner Entwicklung durchläuft – Kugel, Walze und die Entstehung von Wirbeln bis zu einer Ringform –, sind deutlich erkennbar. Zum Vergleich ziehe man die Bilder eines Lauffilms hinzu (Tafel 8, Bild 32), dem auch das Bild auf Tafel 25 unten entnommen ist.

### Tafel 26

Beim Ö ist der Mund etwas weiter geöffnet als beim O, aber weniger weit als beim E. Die Luftlautform des Ö zeigt dies deutlich, sie kann sich nach oben entfalten und wirkt wie ein nach oben geöffnetes O.

### Tafel 27

EU wird als Doppellaut OI gesprochen. Eine kräftige Form mit O-Charakter strömt schräg nach oben. Nach unten beginnt sich in der Strömungsrichtung des I eine Form herauszulösen.

### Tafel 28

Das U ähnelt in seiner äußeren Form der des I. Die Strömungsrichtungen sind verschieden; die des U ist gegenüber der des I waagerechter. Die Mundöffnung des U ist die engste unter den Vokalen. Man benötigt vergleichsweise die größte Kraft, um das U auszusprechen. Die Luftlautform wird deshalb sehr lang. Man vergleiche auf Tafel 8 die Bilder 25.

### Tafel 29

Das Ü strömt gegenüber dem U etwas horizontaler. Die «Kappe» deutet auf zu viel Rauch in der Rauchluft.

### Tafel 30

Auch beim AU erkennt man beide Vokale. Da beide sich in derselben Richtung entwickeln, schiebt das U das zuerst anklingende A vor sich her (vgl. auch die Erläuterung zu Tafel 23).

### Tafel 31

Die beiden Bilder des B, unten eine Aufnahme aus einem Lauffilm, oben eine Hauchaufnahme, scheinen auf den ersten Blick nicht zu demselben Laut zu gehören. Bei näherem Hinsehen kann man aber leicht die obere Form in die untere, die sich weiter vom Mund entfernt hat, übergehen lassen (späteres Entwicklungsstadium).

### Tafel 32

Zwei Bilder des P aus einem Lauffilm (siehe Tafel 8 und 9) zeigen Momentaufnahmen aus der Entwicklung des P im Anfangsstadium (7. Bild) und auf dem Höhepunkt (16. Aufnahme). Wie T und K gehört das P zu den behauchten Stoßlauten. Das P und der Hauch strömen auf beiden Bildern in die gleiche Richtung.

### Tafel 33

Die zwei Bilder des D, unten eine Aufnahme aus einem Lauffilm, oben eine Hauchaufnahme, zeigen verschiedene Entwicklungsstadien. Auch hier gelingt es, die obere Form in die untere, die sich vom Mund abgelöst hat, überzuführen.

### Tafel 34

Das T gehört zu den behauchten Stoßlauten. Auf dem Bild strömen das T und der Hauch in verschiedene Richtungen; sie bilden einen rechten Winkel. Das T strömt senkrecht nach unten, der nachfolgende Hauch waagerecht. Er hat das T mitgenommen, so daß das T in der Mitte der Form ansetzt.

### Tafel 35

Das G besitzt die massigste Luftform. Die großen Buckel am äußeren Rand weisen auf Strömungen im Inneren der Form hin.

### Tafel 36

Zwei Rauchbilder des behauchten Stoßlautes K in verschiedenen Entwicklungsstadien. Das Bild oben läßt im Innern der Form hellere und dunklere Streifen erkennen, die sich im unteren Bild, einem späteren Entwicklungsstadium, voneinander zu trennen beginnen. Man achte auf die unterschiedliche Strömungsrichtung. Im unteren Bild ist der nachfolgende Hauch als zartes Gebilde vor dem Munde erkennbar. Am Gewand ist gestaute Rauchluft zu sehen.

## Tafel 37

Die Strömungsrichtung dieses K ist die gleiche wie die auf dem unteren Bild der Tafel 36. Zwischen den Lippen ist ein Luftwirbel zu sehen, zwei haben den Mund bereits verlassen, darunter bilden weitere den unteren Rand der Strömung.

## Tafel 38

Abgebildet sind zwei Bilder des H, eine Hauchform oben und eine Rauchform unten, gesprochen von zwei Personen. Beide Formen sind weich, die äußere Struktur zerfließt, die innere Form ist nebelartig und bis auf eine Stelle in der Mitte des unteren Bildes ohne innere Struktur. Das H wird ohne Beteiligung der Sprachorgane bzw. ohne Widerstand durch das sogenannte Ansatzrohr geblasen.

## Tafel 39 – 40

Die Luft strömt bei M und N, den Nasallauten, in zwei Spiralen aus der Nase. Sie drehen sich in entgegengesetzter Richtung. Ursache dafür sind die zwei Nasenhälften mit je drei Muscheln und Gängen.
Auf beiden Bildern des M, einer Aufnahme aus einem Lauffilm oben und einem Rauchbild unten, sind die zwei Ströme gut zu unterscheiden. Auf dem oberen Bild strömen sie in die gleiche Richtung, die hintere Strömung ist länger und zu einem rüsselartigen Gebilde angewachsen. Auf dem unteren Bild strömen beide in eine etwas unterschiedliche Richtung. Auf dem Bild des N aus einem Lauffilm sind zwei Ströme am Ende der Form erkennbar.

## Tafel 41

Drei Bilder des L, Liquida oder Wellenlaut genannt, in einem frühen und einem späten Stadium von der Seite und einmal von oben aufgenommen. Das Bild oben links zeigt mehrere Wirbel an der Grenze zur umgebenden Luft. Das Bild rechts macht die Wirbel mehr im Innern der Form sichtbar; zwei hintereinander liegende Ströme sind zu sehen. Auf dem Bild unten links sieht man die beiden Ströme verschiedene Richtungen einschlagen. Sie entstehen beim Sprechen durch Berührung der Zunge mit dem Gaumen, so daß die Luft nur rechts und links durchströmen kann. Hält der Sprecher Unter- und Oberkiefer nicht genau übereinander, so strömt etwas Luft nach oben (Bild rechts).

## Tafel 42 – 43

Der Zitterlaut R erzeugt unterschiedliche Formen, je nachdem, ob er mit der Zungenspitze oder am Gaumen gesprochen wird. Das Zungenspitzen-R zeigt viele kleine kreisende Wirbel, von denen zwei gerade den Mund verlassen (siehe Tafel 2). Die Strömungsrichtung ist schräg abwärts. Die Form des Gaumen-R ist geschlossener, die einzelnen Formen im Innern sind größer.
Auf beiden Tafeln befindet sich unten eine Interferometer-Aufnahme, die perlenförmige Luftwirbel zeigt. Siehe dazu die Ausführungen von Johanna Zinke auf S. 68.

## Tafel 44

Das J zeigt eine schmale Strömung, die an Volumen zunimmt und sich plötzlich verjüngt (siehe Tafel 1). Am äußeren Rand reihen sich Luftwirbel. Die Verwandtschaft mit dem I ist deutlich erkennbar.

## Tafel 45 – 46

Der wellenartige Charakter des W tritt hervor. Das W auf Tafel 45 ist der Höhepunkt aus einem Lauffilm (siehe Tafel 7). Das W auf Tafel 46 oben (ein Einzelbild) strömt schräg nach oben. Die Strömung des F ist schlanker als die des W und besitzt am Rand kleinere Wirbel als das W. Die Verwandtschaft des W mit dem U ist deutlich erkennbar.

### Tafel 47 - 48

Vier Bilder des stimmlosen und stimmhaften S, von vier Personen gesprochen, zeigen die gleiche fallende Form. Links auf Tafel 47 findet sich vor dem Mund ungesprochene Rauchluft, die nicht zur eigentlichen Luftlautform gehört. Davon abgesehen fällt auf allen Bildern die Strömung stufenweise nach unten.

### Tafel 49

Das SCH, ein Reibe- oder Blaselaut, zeigt vor dem Mund eine kräftige Form, die sich in drei Äste mit tiefen Einbuchtungen verzweigt. Alle Bilder des SCH zeigen diese Gliederung in drei Äste.

### Tafel 50

Beim Sprechen eines CH wie in «ich» entsteht eine lockere Form, die über den Bildrand strömt. Im Gegensatz dazu zeigt das CH, wenn es wie in «ach» gesprochen wird, eine geschlossene Form mit großen inneren Strukturen. Man betrachte dazu das Wort «Ach» auf Tafel 61.

### Tafel 51 - 52

Während das C eine fein differenzierte Strömung ausbildet, die oberhalb des Mundes flammenartig aufsteigt, fällt die Form des Z stufenweise nach unten. Die Strömungsrichtung beider Laute bildet den denkbar größten Gegensatz.

### Tafel 53

Ein Bild des Konsonanten X, gesprochen ks, zeigt eine schräg nach oben gehende Strömung, nämlich die des K, und eine im rechten Winkel dazu nach unten, die des S (vgl. Tafel 71).

### Tafel 54

Die zwei Bilder der Konsonantenverbindung HS sind in verschiedenen Entwicklungsstadien aufgenommen. Das Bild rechts unten zeigt die waagerechte Strömung des H, die mit der senkrechten des S einen rechten Winkel bildet. Auf dem großen Bild ist an der beginnenden waagerechten Strömung des H oben ungestalteter Vorrauch, der darauf hinweist, daß das H vor dem senkrecht strömenden S gesprochen wurde (vgl. Tafel 71).

### Tafel 55

Das Bild der Konsonantenverbindung GR zeigt links die turbulente Strömung des zuletzt gesprochenen R. Es differenziert die Form des G und schiebt sie weiter. (Vgl. auf Tafel 66 das Wort «Berg»).

### Tafel 56

Die eindrucksvolle Strömung der Silbe BA zeigt den Gegensatz von Konsonant und Vokal, das reich differenzierte B und das geschlossene A, das gerade den Mund verläßt (vgl. Tafel 71).

### Tafel 57

Der Laut W in Verbindung mit den Vokalen A und E: Die Silbe WA zeigt das W schräg nach oben, das A schräg nach unten strömend, beide bilden einen rechten Winkel. Die Längenausdehnung des W ist natürlich, die des A nicht. Das A ist mit zu viel Luft gesprochen. Es büßt seine charakteristische Gestalt ein und wird einem Blaselaut ähnlich.
Die Silbe WE: Die längliche, aufgelockerte Strömung rechts ist das W, die aus dem Munde kommende kleine, kompakte Strömung das E (vgl. Tafel 71).

### Tafel 58

Die Silbe HA: Die lange, lockere Strömung ist das H, die runde, geschlossene das A. H und A strömen in die gleiche Richtung. Ebenso strömen bei den Silben UM und KU die Laute ineinander (siehe auch auf Tafel 62 das Wort «Ruh»).

### Tafel 59

Die Silbe BE: Die lange, lockere Strömung ist das B, die dichte, kompakte Form vor dem Munde das E (vgl. Tafel 71).

### Tafel 60

Die Silbe RA: Die Form hat A-Charakter. Der Vokal A gestaltet das zuerst gesprochene R.
Die Silbe JO: Das J strömt senkrecht nach unten, das O bildet eine kräftige waagerechte Form. Die beiden Laute unterscheiden sich deutlich.

### Tafel 61 - 62

Bei den Worten «Ach» und «Ruh» strömen die Laute in dieselbe Richtung. Bei «Ach» schiebt das CH das A, bei «Ruh» schiebt das U das R vor sich her.

### Tafel 63 - 64

Das Wort «Ich», von zwei Personen gesprochen. Die Strömungsrichtung senkrecht nach unten ist bei beiden Bildern gleich. Das Bild auf Tafel 63 wurde von einer Sängerin (Christa Waltjen) gesprochen, I und CH fließen ineinander. Das Bild auf Tafel 64, gesprochen von einer Eurythmistin (Helene Reisinger), läßt das CH als schräg durch das I strömende zarte Form erscheinen. Man darf vermuten, daß der verschiedene Charakter der Formen auf beruflich bedingte Sprachintentionalität , die habituell geworden ist, zurückgeführt werden kann. Dieselbe Eurythmistin sprach auch das Wort «Ruh» auf Tafel 62 sowie die Worte «Lust» und «Berg» auf den Tafeln 65 und 66.

### Tafel 65

Das Wort «Lust»: Die Laute fließen ineinander. Die kräftige, geschlossene Form hat eine eindeutige Richtung.

### Tafel 66

Das Wort «Berg»: Auch hier strömen die Laute ineinander. Ihre Entstehung und Entwicklung ist nur im Film nachvollziehbar. Die Form regt zum Vergleich mit der Konsonantenverbindung GR (Tafel 55) an.

### Tafel 67 - 70

Gesungene Laute: Die Bilder lassen die gesungenen Laute A und O erscheinen. Sie werden von schleierartigen Formen oberhalb der Vokalform begleitet und besitzen eine leichte Tendenz nach oben. Die Sängerin (Christa Waltjen), die von Valberg Werbeck-Svärdström ausgebildet wurde, sprach auch das Wort «Ich» auf Tafel 63. Siehe dazu die Ausführungen von J. Zinke auf S. 69.

### Tafel 71

Auf dieser von Johanna Zinke selbst zusammengestellten Tafel sind 11 verschiedene Lautverbindungen dargestellt und kleine erläuternde Zeichnungen zugefügt. Sie verdeutlichen, daß der zuerst gesprochene Laut sich weiter vom Munde entfernt hat als der zuletzt gesprochene. Weiteres dazu in dem Aufsatz von Peter Nantke S. 31.

# Verzeichnis der Angaben Rudolf Steiners über Luftlautformen, Sprache und Eurythmie

Ein Stellenverzeichnis, nach Sachgebieten geordnet von Sonja Schaeffer
Die mit * gekennzeichneten Stellen sind auf S. 154 ff. im Wortlaut abgedruckt

## 1 Entstehung von Formen in der Luft beim Sprechen

1.1 Die Welt der Sinne und die Welt des Geistes.
Gesamtausgabe (GA) 134, Vortrag vom 1.1.1912, Dornach 1959, S. 104*

1.2 Eurythmie. Die Offenbarung der sprechenden Seele.
Ansprachen zu Eurythmieaufführungen aus den Jahren 1918 - 1924, GA 277, Dornach 1972:
Der Weg zu einer wirklichen Geisteskultur. 8.11.1919, S. 107*
Johannistimmung. Das Miterleben der Jahresfeste. 24.6.1923, S. 350*
Über das Wesen der Gebärde. 15.7.1923, S. 372 ff.*

1.3 Eurythmie als sichtbare Sprache.
GA 279, Vortrag vom 24.6.1924, Dornach 1990, S. 46 ff.*

## 2 Imaginative Bilder als Hilfe für das Erleben der Lautgebärden

2.1 Eurythmie als sichtbare Sprache.
GA 279, Vortrag vom 26.6.1924, Dornach 1990, S. 83 ff.

2.2 Sprachgestaltung und Dramatische Kunst.
GA 282, Vortrag vom 21.9.1924, Dornach 1981, S. 342 ff.

2.3 Eurythmie. Die Offenbarung der sprechenden Seele.
Ansprachen zu Eurythmieaufführungen aus den Jahren 1918 - 1924, GA 277, Dornach 1972:
Die imaginative Offenbarung der Sprache. 21.7.1923, S. 384 ff.
Die Bedeutung der Kunstpflege innerhalb der anthroposophischen Bewegung. Vermutlich 5.1.1924, S. 425 ff.

2.4 Vergangenheits- und Zukunftsimpulse im sozialen Geschehen.
GA 190, Vortrag vom 28.3.1919, Dornach 1980, S. 72

## 3 Luftlautformen und ihre Ausgestaltung durch Gedanke und Wille

3.1 Eurythmie. Die Offenbarung der sprechenden Seele.
Ansprachen zu Eurythmieaufführungen aus den Jahren 1918 - 1924, GA 277, Dornach 1972:
Die Suche nach dem neuen Quell des Künstlerischen. 14.2.1920, S. 152 ff.
Gesten und eurythmische Gebärdensprache. 2.4.1923, S. 326 ff.*

Gebärde in Pantomime, im Tanz und in der Raumbewegungskunst, der Eurythmie. 14.4.1923, S. 333*
Der Ursprung der Sprachfähigkeit und die Gebärdensprache der Eurythmie. 1.7.1923, S. 357 ff.
Die Überwindung der Schwerkraft durch die Eurythmie. 8.7.1923, S. 366

3.2 Mysteriengestaltungen.
GA 232, Vortrag vom 2.12.1923, Dornach 1958, S. 88 ff.

## 4 Sprache, Eurythmie und Lautgebärde

4.1 Das Geheimnis des Todes.
GA 159/160, Vortrag vom 14.3.1915, Dornach 1967, S. 147 ff.*

4.2 Das Künstlerische in seiner Weltmission.
GA 276, Vortrag vom 18.5.1923, Dornach 1982, S. 130*

4.3 Eurythmie. Die Offenbarung der sprechenden Seele.
Ansprachen zu Eurythmieaufführungen aus den Jahren 1918 - 1924, GA 277, Dornach 1972:
Über das Wesen der Gebärde. 15.7.1923, S. 372 ff.*
Das Sinnlich-Übersinnliche in der Kunst. 4.4.1920, S. 160 ff.*
Die imaginative Offenbarung der Sprache. 21.7.1923, S. 386

4.4 Eurythmie als sichtbare Sprache.
GA 279, Dornach 1990,
Vortrag vom 25.6.1924, S. 73*
Vortrag vom 2.7.1924, S. 130 ff.

## 5 Sprechen und Hören

5.1 Heileurythmie.
GA 315, Dornach 1981,
Vortrag vom 15.4 1921, S. 58.
Vortrag vom 17. 4. 1921, S. 72 ff.

5.2 Eurythmie. Die Offenbarung der sprechenden Seele.
Ansprachen zu Eurythmieaufführungen aus den Jahren 1918 - 1924, GA 277, Dornach 1972 :
Die Beziehung zwischen Lautsprache und Bewegung. 2.2.1924, S. 429

## 6 Ausgestaltung der Sprache durch Atmung und Wahrnehmung

Die Erkenntnis des Menschenwesens nach Leib, Seele und Geist.
GA 347, Vortrag vom 2.8.1922, Dornach 1985

## 7 Der Versuch der Sprache, Kopf zu werden

Allgemeine Menschenkunde als Grundlage der Pädagogik.
GA 293, Vortrag vom 5.9.1919, Dornach 1992, S. 197 ff.*

## 8 Die Sehnsucht der Luft, Mensch zu werden

Kunst und Kunsterkenntnis.
GA 271, Vortrag vom 17.2.1918, Dornach 1985, S. 114 ff.

## 9 Schrift als sichtbare Sprache

9.1 Eurythmie. Die Offenbarung der sprechenden Seele. Ansprachen zu Eurythmieaufführungen aus den Jahren 1918 - 1924, GA 277, Dornach 1972:
Bilderschrift – Schrift – Eurythmie. 30.10.1920, S. 199

9.2 Eurythmie als sichtbare Sprache.
GA 279, Vortrag vom 25.6.1924, Dornach 1990, S. 59

## 10 Gesungene Laute und der Ton

Das Wesen des Musikalischen und das Tonerlebnis im Menschen.
GA 283, Vortrag vom 2.12.1922, Dornach 1989, S. 111

## 11 Luftschwingungen als Träger des Tones

11.1 Geisteswissenschaftliche Impulse zur Entwickelung der Physik I (Erster Naturwissenschaftlicher Kurs).
GA 320, Vortrag vom 31.12.1919, Dornach 1964, S. 145 ff.

11.2 Geisteswissenschaftliche Impulse zur Entwickelung der Physik II (Zweiter Naturwissenschaftlicher Kurs). GA 321, Dornach 1972.
Vortrag vom 8.3.1920, S. 127 ff.
Vortrag vom 9.3.1920, S. 141 ff.

## 12 Sprechen in Rauch

12.1 Mysteriengestaltungen.
GA 232, Vortrag vom 21.12.1923, Dornach 1958, S. 179 ff.*

12.2 Das Faust-Problem.
GA 273, Vortrag vom 2.11.1917, Dornach 1967, S. 92

12.3 Vorträge und Kurse über christlich-religiöses Wirken, V: Apokalypse und Priesterwirken.
GA 346, Vortrag vom 6.9.1924, Dornach 1995, S. 35 ff.

## 13 Spuren des moralischen Verhaltens im Aushauch der Sprache

13.1 Kunst im Lichte der Mysterienweisheit.
GA 275, Vortrag vom 3.1.1915, Dornach 1980, S. 134 ff.

13.2 Mythen und Sagen. Okkulte Zeichen und Symbole.
GA 101, Vortrag vom 29.12.1907, Dornach 1987, S. 252 ff.

## 14 Bedeutung der Sprache für die Zukunft

14.1 Grundelemente der Esoterik.
GA 93a, Vortrag vom 2.10.1905, Dornach 1987, S. 59 ff.

14.2 Von Jesus zu Christus.
GA 131, Vortrag vom 14.10.1911, Dornach 1958, S. 223 ff.

14.3 Die Welt der Sinne und die Welt des Geistes.
GA 134, Vortrag vom 28.12.1911, Dornach 1959, S. 38 ff.

14.4 Bilder okkulter Siegel und Säulen. GA 284, Vortrag vom 16.9.1907, Dornach 1992, S. 74

# Rudolf Steiner über Luftlautformen – ausgewählte Zitate

( Zitatnummern entsprechend dem vorangegangenen Stellenverzeichnis)

### 1.1 Aus: Die Welt der Sinne und die Welt des Geistes, Vortrag vom 1.1.1912

Und wie heute der Mensch durch sein Wort und durch seinen Gesang, durch seinen Ton die Luft in Formen zwingt, in Formen bringt, so brachten die göttlichen Worte und die göttliche Musik Formen hervor. Und die kostbarste dieser Formen, die kann uns in der folgenden Weise vor die Seele treten. Betrachten Sie einmal, wenn Sie heute irgendein Wort, meinetwillen auch nur einen Vokal aussprechen, zum Beispiel das A, wie dann durch dieses A in die Luft eindringt die Möglichkeit, in dieser Luft eine Form zu bilden. So drang heraus aus dem Weltenwort in die Welt herein die Form, und die kostbarste dieser Formen ist der Mensch selber. Der Mensch selber in seinem Urzustande wurde erzeugt dadurch, daß er aus dem göttlichen Worte ausgesprochen wurde. Die Götter sprachen – und wie heute die Luft in Formen kommt durch des Menschen Wort, so kam unsere Welt in ihre Form hinein durch das Wort der Götter. Und der Mensch ist die kostbarste dieser Formen.

### 1.2 Aus: Eurythmie. Die Offenbarung der sprechenden Seele, Ansprache vom 8.11.1919

Der Mensch spricht durch seinen Kehlkopf und dessen Nachbarorgane, Zunge, Gaumen und so weiter. Wir wenden, indem wir dem Menschen zuhören, unsere Aufmerksamkeit durch das Ohr auf das Gehörte. Aber während wir sprechen, da bewegen sich fortwährend, ohne daß es gesehen wird, wenigstens in der Anlage, der Kehlkopf und seine Nachbarorgane. Das weiß sogar die Physik, daß da Bewegung im Sprechen ist. Denn während ich hier zu Ihnen rede, bewegt sich die Luft im Saale in bestimmten Formen.

### Aus: Eurythmie. Die Offenbarung der sprechenden Seele, Ansprache vom 24.6.1923

Wenn man berücksichtigt, daß im Grunde genommen auch die Lautsprache und der Gesang eine Art Gebärde darstellen, Gebärde desjenigen, was in der Formung, in der Gestaltung des ausströmenden Luftstromes liegt, wenn man das bedenkt, so wird man nicht sehr weit sein von dem Verständnisse, daß, wie in der Sprache eine Art Gebärde der im Menschen bewegten strömenden Luft vorliegt, so kann auch zum Ausdrucke, zur Offenbarung kommen durch die menschlichen Bewegungsglieder oder durch die Bewegung des ganzen Menschen ein Sprach- oder Gesangartiges.

Nur muß man sich darüber klar sein, daß man zum Verständnis desjenigen, wie überhaupt Sprache zustande kommt, nicht gelangt, wenn man beim physischen Menschen stehenbleibt, bei der physischen Organisation des Menschen, sondern wenn man darauf Rücksicht nimmt, wie innerhalb dieser physischen Menschenorganisation die höhere, übersinnliche vorhanden ist. Und man muß zunächst davon sprechen, daß jene Kräfte, welche die in der Lautsprache und im Gesange sich formende Luft gestalten, im übersinnlichen, im ätherischen Organismus des Menschen erregt werden.

### Aus: Eurythmie. Die Offenbarung der sprechenden Seele, Ansprache vom 15.7.1923

Es ist im Grunde genommen auch dasjenige, was sich bildet, wenn wir sprechen oder singen, eine Gebärde, nur eine Gebärde, die innerhalb des ausgeatmeten Luftstromes durch diese verschiedene Gestaltung des Luftstromes gebildet wird. Nehmen wir zum Beispiel das A, indem wir zurückgehen zu dem Elemente der Sprache. (...) Als Luftgebärde bildet sich dieses A dadurch, daß ein voller Luftstrom sich nach außen ergießt, gewissermaßen nach außen schalenförmig wird, so daß er zurückweicht im Ausströmen vor der äußerlich schon vorhandenen Luftdichte.

Spricht der Mensch das E, so ist es so, wie wenn vor seinen Sprachorganen eine Art von Stauung entstehen würde. Der ausgeatmete Luftstrom ergießt sich zunächst mit voller Wucht in die Außenwelt, wird aber dann aufgehalten, gestaut von der äußeren Luftdichte und spaltet sich.

Wenn wir das I sprechen, so lassen wir es im wesentlichen sehr vorne entstehen; dadurch geben wir ihm eine spitz zulaufende Kraft mit. Und wir stoßen das I so aus, daß sich ein schärferer, ein pfeilartiger Luftstrom in die Dichtigkeit der äußeren Luft hineinergießt, die äußere Luft gewissermaßen wie mit einem Schwerte zerspaltet.

Wenn wir das O sprechen, so ist es so, wie wenn wir die Luftmasse, die wir selbst der Außenwelt übergeben, in einem gewissen Sinne, indem wir sie ausstoßen, zugleich zurückhalten würden; so daß wir die außer uns befindliche Luft selber mit der nach außen gestoßenen bearbeiten und dadurch etwas wie eine Richtung in die äußere Luft hineinformen. Beim U ist es so, daß wir die äußere Luft spalten und das U empfinden in dem wiederum Zusammengehen von in zwei Luftströme gespaltener äußerer Luft. Und so kann man, wenn man eingeht auf die Formung, welche die Luft erfährt, indem wir den Laut hervorbringen, die Luftgebärde verfolgen.

### 1.3 Aus: Eurythmie als sichtbare Sprache, Vortrag vom 24.6.1924

Dieser Ätherleib des Menschen, wenn man ihn aufzeichnen würde, würde etwas ungeheuer Kompliziertes darstellen. Denn dieser Ätherleib des Menschen kann im Grunde genommen als etwas Bleibendes ebensowenig hingemalt werden wie der Blitz (…). Der Ätherleib ist in fortwährender Beweglichkeit, in fortwährender Regsamkeit.

Diese Bewegungen nun, diese in Bewegung begriffenen Formen, aus denen der Ätherleib des Menschen nicht besteht, sondern fortwährend entsteht und vergeht, haben wir sie irgendwo in der Welt der Menschen, so daß wir an sie herantreten können? Ja, wir haben sie (…), man hat sie, indem man alles dasjenige lautlich formt, was in den Inhalt der Sprache hineinfließt.

Nun halten Sie im Geiste Umschau über alles dasjenige, was Sie aus Ihrem Kehlkopf heraus lautlich formen (…). Werden Sie sich bewußt, daß alle diese Elemente, die aus dem Kehlkopf herauskommen, die Bestandteile alles dessen sind, was im Sprechen zutage tritt, werden Sie sich bewußt, daß alles das aus bestimmten Bewegungen besteht, denen ursprünglich in der Anlage die Formungen des Kehlkopfes und seiner Nachbarorgane zugrunde liegen. Da heraus kommt es.

Es kommt natürlich nicht auf einmal heraus. Wir sprechen nicht auf einmal alles dasjenige, was der Sprache zugrunde liegt. (…) Wir würden es sprechen – so paradox es klingt, es ist so –, wenn wir einmal von a b c bis z alle möglichen Laute hintereinander ertönen ließen. Stellen Sie sich das einmal vor. Stellen Sie sich vor, ein Mensch würde beginnen mit dem a, b und so fort hintereinander, bis zum z, ein Mensch würde das hintereinander lautlich erklingen lassen. Alles dasjenige, was wir aussprechen, zeichnet in die Luft hinein eine gewisse Form, die man nur nicht sieht, die man aber durchaus als vorhanden voraussetzen muß, von der man sich sogar denken könnte, daß sie durch wissenschaftliche Mittel ohne die menschliche Zeichnung fixiert würde.

Wenn wir ein Wort aussprechen: Baum, Sonne – immer führen wir eine ganz bestimmte Luftform aus. Wenn wir das aussprechen von a bis z , würden wir eine sehr komplizierte Luftform bilden. Fragen wir uns einmal, wenn wirklich ein Mensch das zustande brächte, was da entstünde. Es müßte in einer gewissen Zeit geschehen (...), so daß, wenn wir beim z angekommen sind, nicht schon das erste vollständig wiederum auseinandergeflossen ist, daß also das a in seiner Form plastisch noch bleibt, wenn wir beim z angekommen sind. Wenn wir tatsächlich vom a bis zum z gehen könnten in der Lautformulierung, wenn wir dies so zuwege brächten, daß das a stehenbleiben würde bis zum z, und das Ganze würde sich in der Luft abbilden, was wäre denn das? Was wäre das für eine Form? Das wäre die Form des menschlichen ätherischen Leibes.

(...) Was tun Sie also, indem Sie sprechen, das Alphabet aussprechen? Sie versenken sich gewissermaßen in die Form Ihres Ätherleibes und teilen sie der Luft mit. Sie bilden in der Luft ein Abbild Ihres Ätherleibes.

### 3.1 Aus: Eurythmie. Die Offenbarung der sprechenden Seele, Ansprache vom 2.4.1923

Wir müssen uns darüber klar sein, daß in Wirklichkeit eigentlich auch das gewöhnliche Sprechen eine Art Mimik ist, ein Mimisches, ein Gestenhaftes. Nur kommen die Gesten nicht, sagen wir, durch die Bewegungen der Arme und Hände oder anderer Glieder des Organismus zustande, sondern die Geste bildet sich aus dem Atmungs-Luftstrom. Und man kann nun genau unterscheiden in dem Atmungs-Luftstrome das, was von der einen Seite des menschlichen Organismus herkommt, aus dem ganzen Menschen heraus als Willensäußerung. Das wird geformt durch den Kehlkopf und die anderen Sprachorgane, strahlt gewissermaßen als Geformtes in Gesten aus in den Raum, und man kann dann genau unterscheiden, ob sich eine solche, durch den Willen bewirkte Luftgeste gewissermaßen spitz hineinbohrt in den umgebenden Luftraum oder ob sie sich verbreitert und so weiter. In dasjenige aber, was da durch den Willen in die menschliche Umgebung getrieben wird als Ausdruck des Seelischen, strömt dann ein, was von dem anderen Pol der menschlichen Organisation kommt, von dem Nervenpol, von dem Gehirn-Sinnespol, was von der Seite des Gedankens herkommt.

Wenn wir sprechen, wird der ausstrahlende Teil unserer Luftgeste von der Willensbetätigung gebildet. Und es wird dasjenige, was dann immer auf der radialen Richtung, auf der Ausstrahlungsrichtung senkrecht sich wölbt, und was bewirkt, daß die Luft in Schwingungen kommt und das Gesprochene dann gehört werden kann durch die Vermittlung der Luftschwingungen, dieses, was die Wellung der Luft bewirkt, wird von dem Gedankenpol bewirkt. So haben wir zusammenströmend in demjenigen, was als Luftgeste zustande kommt, ein Willensartiges und ein Gedankenartiges.

### Aus: Eurythmie. Die Offenbarung der sprechenden Seele, Ansprache vom 14.4.1923

In der Sprache haben wir es nämlich auch zuletzt mit einer Art Gebärdenkunst zu tun, nur daß da die Gebärde ausgeführt wird durch den ausströmenden Luftstrom. In diesem ausströmenden Luftstrom, der auch in seiner Gestaltung – wenn man ihn anschauen könnte, würde man das sehen – genau dem folgt, was im Worte, im Satze liegt, hat man es zu tun mit einem Ineinanderfließen des menschlichen Willens aus der Seele und des Denkens aus der Seele. Der Wille ist dabei dasjenige, was, ich möchte sagen, den Luftstrom mehr radial ausströmen läßt. Der Gedanke ist dasjenige, was den Querschnitt des Wellenartigen im Luftstrom bewirkt.

### 4.1 Aus: Das Geheimnis des Todes, Vortrag vom 14.3.1915

Diese Eurythmie beruht ja auf folgenden Prinzipien: Wir haben ein Organ, durch das der Ätherleib unmittelbar in Aktion tritt, so daß das Physische ein Abbild des Ätherischen wird. Das ist der Fall, wenn wir sprechen. Aber es wird nicht das ganze Physische, sondern die Luft ein Abbild des Ätherischen. Das tönende Wort in der Luft, die Art, wie die Luft schwingt, ist unmittelbar ein Ausdruck des Ätherischen. Wenn man dasjenige, was im Laut, im Wort lebt, nun ergreift und es auf den ganzen Ätherleib ausdehnt und dann Hände und Füße und alles am Menschen sich so bewegen läßt, wie ganz naturgemäß im Sprechen und im Gesang die Luft im Ätherleib bewegt wird, dann hat man die Eurythmie. Denn die Eurythmie ist ein Sprechen des ganzen Menschen, so daß zu Hilfe genommen wird nicht nur die sich bewegende Luft, sondern die menschlichen Organe.

### 4.2 Aus: Das Künstlerische in seiner Weltmission, Vortrag vom 18.5.1923

Denn das Wort ist ja nur die Luftgebärde: Wenn wir das Wort formen, so pressen wir die Luft in einer gewissen Gebärde heraus. Derjenige, der sinnlich-übersinnlich anschauen kann, was sich da aus dem menschlichen Munde heraus formt, sieht in der Luft die Gebärden, die da gemacht werden, das sind die Worte. Bildet man sie nach, bekommt man die Eurythmie, die ebenso eine ausdrucksvolle sichtbare Gebärde ist, wie die Luftgebärde im Sprechen eine unsichtbare Gebärde ist, in die der Gedanke hineinkommt, Wellen zieht in der Gebärde und dadurch das Ganze gehört werden kann. Die Eurythmie ist die Umsetzung der Luftgebärde in sichtbare Gliedgebärde, ausdrucksvolle Gebärde.

### 4.3 Aus: Eurythmie. Die Offenbarung der sprechenden Seele, Ansprache vom 15.7.1923

Und Eurythmie ist auch wirklich so entstanden, daß dieselben Impulse, welche der Menschenorganismus sonst in die geformte Luft als Vermittlerin des Sprachlichen oder des Gesanglichen zur Offenbarung der Seele ergießt, daß alles das, was in diesen Impulsen liegt, hineinergossen wird in Bewegungsimpulse.

### Aus: Eurythmie. Die Offenbarung der sprechenden Seele, Ansprache vom 4.4.1920

Wenn wir sprechen – das ist ja klar –, sind unser Kehlkopf und die Sprachorgane in Bewegung. Man braucht nur daran zu denken, daß, während ich hier spreche, die Luft in gewisse gesetzmäßige Bewegungen kommt, welche Bewegungen einfach eine Fortsetzung desjenigen sind, was der Kehlkopf und seine Nachbarorgane an Bewegungen einleiten. Aber nicht so sehr diese Bewegungen (...) sind es, welche für die Eurythmie in Betracht kommen. Man kann nun nach dem Goetheschen Metamorphosengesetz, nach welchem der ganze Organismus nur eine kompliziertere Ausgestaltung eines einzelnen Organes ist, den ganzen Menschen in solche Bewegungen bringen, wie sie eigentlich der Kehlkopf in der Lautsprache entwickeln will. Das ist das Studium, welches zugrunde liegen muß dieser stummen Sprache, die in der Eurythmie zum Vorschein kommt.

Sie sehen gewissermaßen den ganzen Menschen zum bewegten Kehlkopf geworden. Die Bewegungen sind nur aus dem Grunde andere, als sie bei der Lautsprache funktionieren, weil bei der Lautsprache die Knorpel des Kehlkopfes unmittelbar mit der äußeren Luft zusammenschlagen, während wir bei der Eurythmie zusammenschlagen lassen dasjenige, was sich aus der Willensnatur ergießt, mit den Muskeln, die einen wesentlich stärkeren Widerstand entgegensetzen demjenigen, was da durch den Willen zum Vorschein kommt. Daher treten in verlangsamter

Form diese Bewegungen in der Eurythmie auf, die in schwingenden Oszillationsbewegungen beim Lautesprechen zum Vorschein kommen, gleichsam summiert die schwingende Bewegung zu einer Hauptform. Und das ist ausgedrückt durch das Ganze der menschlichen Persönlichkeit, durch das Ganze der Muskelorganisation. Das ist die stumme Sprache der Eurythmie.

### 4.4 Aus: Eurythmie als sichtbare Sprache, Vortrag vom 25.6.1924

Ich werde nun morgen noch die andern Laute charakterisieren, die heute nicht charakterisiert worden sind, und dann wollen wir allmählich den Übergang finden zu der Charakteristik der Formen, die wir in der Eurythmie gebrauchen und die wirklich nun gebärdenhaft ganz genau dasselbe ausdrücken in ihrem Wesen, was die Laute selber in die Luft hineinblasen, in die Luft hineingestalten.

### 7 Aus: Allgemeine Menschkunde als Grundlage der Pädagogik, Vortrag vom 5.9.1919

Der Kehlkopf des Menschen ist ganz und gar ein verkümmertes Haupt des Menschen, ein Kopf, der nicht ganz Kopf werden kann und der daher seine Kopfesnatur auslebt in der menschlichen Sprache. Die menschliche Sprache ist der fortwährend vom Kehlkopf in der Luft unternommene Versuch, Kopf zu werden. Wenn der Kehlkopf versucht, der oberste Teil des Kopfes zu werden, da kommen zum Vorschein diejenigen Laute, welche deutlich zeigen, daß sie am stärksten von der menschlichen Natur zurückgehalten werden. Wenn der menschliche Kehlkopf versucht, Nase zu werden, da kann er nicht Nase werden, weil ihn die wirklich vorhandene Nase daran verhindert. Aber er bringt hervor in der Luft den Versuch, Nase zu werden, in den Nasenlauten. Die vorhandene Nase staut also die Luftnase, die da entstehen will, in den Nasenlauten. Es ist außerordentlich bedeutungsvoll, wie der Mensch, indem er spricht, fortwährend in der Luft den Versuch macht, Stücke von einem Kopf hervorzubringen, und wie sich wiederum diese Stücke von dem Kopf in welligen Bewegungen fortsetzen, die sich dann stauen an dem leiblich ausgebildeten Kopf. Da haben Sie dasjenige, was menschliche Sprache ist.

### 12.1 Aus: Mysteriengestaltungen, Vortrag vom 21.12.1923

Indem der priesterliche Magier in den Opferrauch die Worte hineinsprach, indem er also das Wort ertönen ließ im Aushauche und sprach, fühlte er in dem hinausgehenden Atem, wie der Mensch sonst fühlt, wenn er die tastende Hand ausstreckt. (…) Er empfand den Aushauch wie ein Tastorgan, das nach dem Rauche hin ging. Er fühlte den Rauch. Und er fühlte in dem Rauch die ihm entgegenkommenden großen Götter, die Kabiren, er fühlte in dem, wie der Rauch sich gestaltete, und wie die Gestalten, die sich da bildeten, von außen herankamen an den Aushauch, so daß der Aushauch fühlte: da ist Rundung, da ist Eckigkeit, da greift mir etwas entgegen. Die ganze göttliche Gestalt des Kabirs wurde ertastet mit dem in das Wort gekleideten Aushauch. Mit der Sprache, die aus dem Herzen kam, ertastete der samothrakische Weise die durch den Opferrauch zu ihm herabsteigenden Kabiren, das heißt die großen Götter. Und es war eine lebendige Wechselwirkung zwischen dem Logos im Menschen und dem Logos draußen in den Weltenweiten.

# Register der abgebildeten Luftlautformen

Nachweis aller Fotos von Einzellauten, Lautverbindungen, Silben und Wörtern. Angegeben ist stets die Seitenzahl. Hauch-, Schlieren- und Interferometer-Aufnahmen sind mit (H), (S) und (I) gekennzeichnet, alle anderen Aufnahmen geben Rauchbilder wieder. «Film» bedeutet: Bildserie aus einem Lauffilm.